Marco Bettner

W0363224

Terme und Gleichungen

Sekundarstufe I

Persen

Persen Verlag

Der Autor: Marco Bettner – geboren 1972, ist seit 1999 als Lehrer an der Haupt- und Realschule in Nidda tätig. Seit 2000 ist er Fachseminarleiter am Studienseminar Friedberg (Hessen) und seit 2002 Lehrbeauftragter am Institut für Mathematikdidaktik der Justus-Liebig-Universität Gießen und Referent in der Lehrerfortbildung.

Gedruckt auf umweltbewusst gefertigtem, chlorfrei gebleichtem und alterungsbeständigem Papier.

1. Auflage 2003
© Persen Verlag GmbH, Buxtehude

4. Auflage 2012
© Persen Verlag
AAP Lehrerfachverlage GmbH

Das Werk als Ganzes sowie in seinen Teilen unterliegt dem deutschen Urheberrecht. Der Erwerber des Werkes ist berechtigt, das Werk als Ganzes oder in seinen Teilen für den eigenen Gebrauch und den Einsatz im Unterricht zu nutzen. Die Nutzung ist nur für den genannten Zweck gestattet, nicht jedoch für einen weiteren kommerziellen Gebrauch, für die Weiterleitung an Dritte oder für die Veröffentlichung im Internet oder in Intranets. Eine über den genannten Zweck hinausgehende Nutzung bedarf in jedem Fall der vorherigen schriftlichen Zustimmung des Verlages.

Illustrationen: Claudia Hauboldt
Satz: Michaela Gehrke, Friedrich-Medien-Gestaltung

ISBN 3-8344-**3995**-9

www.persen.de

Inhalt

Vorwort 4

Regeln in Bildern

Klammerregel 5
Additions- und Subtraktionsregel 5
Subtraktionsregel 6
Additionsregel 7
Divisionsregel 8
Multiplikationsregel 9
Blankowaage (Rechenregeln) 10
Blankojongleur (Rechenreihenfolge) 11

Terme

1 Quadratzahlen 12
2 Termwerte berechnen 14
3 Rechenreihenfolge bei Termwertberechnungen 16
4 Terme haben Namen 18
5 Terme formulieren 20
6 Zusammenfassen gleicher Glieder 1 22
7 Zusammenfassen gleicher Glieder 2 24
8 Zusammenfassen bei Multiplikation und Division 1 26
9 Zusammenfassen bei Multiplikation und Division 2 28
10 Vermischte Übungen zu den vier Grundrechenarten bei Termen 30
11 Einfache Klammern auflösen 32
12 Faktorisieren 34
13 Minusklammer auflösen 36
14 Klammer mal Klammer 38
15 1. binomische Formel 40
16 2. binomische Formel 42
17 3. binomische Formel 44
18 Mit binomischen Formeln faktorisieren 46
19 Vermischte Übungen zum Rechnen mit Termen 48
20 Lernkontrolle 1 – Terme 50
21 Lernkontrolle 2 – Terme 52

Gleichungen

22 Wahre und falsche Aussagen 54
23 Gleichungen durch Probieren lösen 56
24 Subtraktionsregel 1 58
25 Subtraktionsregel 2 60
26 Additionsregel 62
27 Vermischte Übungen zur Additions- und Subtraktionsregel 64
28 Divisionsregel 1 66
29 Divisionsregel 2 68
30 Multiplikationsregel 1 70
31 Multiplikationsregel 2 72
32 Gleichungen in mehreren Schritten lösen 1 74
33 Gleichungen in mehreren Schritten lösen 2 76
34 Einfache Klammer 78
35 Erst zusammenfassen, dann umformen 1 80
36 Erst zusammenfassen, dann umformen 2 82
37 Klammer mal Klammer 84
38 Zahlenrätsel 1 86
39 Zahlenrätsel 2 88
40 Gleichungen und Geometrie 1 90
41 Gleichungen und Geometrie 2 92
42 Gleichungen und Geometrie 3 94
43 Lernkontrolle – Gleichungen 96

Lineare Gleichungssysteme

44 Lineare Gleichungen ins Koordinatensystem zeichnen 98
45 Einführung in lineare Gleichungssysteme 100
46 Lineare Gleichungssysteme zeichnerisch lösen 1 102
47 Lineare Gleichungssysteme zeichnerisch lösen 2 104
48 Gleichsetzungsverfahren 1 106
49 Gleichsetzungsverfahren 2 108
50 Einsetzungsverfahren 1 110
51 Einsetzungsverfahren 2 112
52 Additionsverfahren 114
53 Lineare Gleichungssysteme in der Geometrie 116
54 Lernkontrolle – Lineare Gleichungssysteme 118

Quadratische Gleichungen

55 Quadratische Gleichungen lösen: $x^2 = a$ 120
56 Quadratische Gleichungen lösen: $(x + a)^2 = s$ 122
57 Quadratische Ergänzung 124
58 Quadratische Gleichungen lösen: $x^2 + px + q = 0$ 126
59 Quadratische Gleichungen lösen: $ax^2 + bx + c = 0$ 128
60 Lernkontrolle – Quadratische Gleichungen 130

Vorwort

Der Umgang mit Termen und Gleichungen ist ein wesentlicher Bestandteil des Mathematikunterrichts. Die vorliegende Unterrichtshilfe spricht alle wesentlichen Gesichtspunkte der beiden Themen an:

- Regeln in Bildern
- Terme
- Gleichungen
- Lineare Gleichungssysteme
- Quadratische Gleichungen

Dabei wird immer wieder sowohl auf grundlegende Lernstrategien als auch auf historische Zusammenhänge eingegangen. Bedingt durch die gewählte Stufenfolge und die zahlreichen visuellen Hilfen (Waagenmodell, geometrische Objekte, ...) werden zahlreiche Erschließungs- und Akzentuierungsmöglichkeiten geboten.

Die Kopiervorlagen helfen bei der Planung und flexiblen Durchführung des Unterrichts:

- Eigenständige Erarbeitung diverser Themen durch die Schülerinnen und Schüler
- Sicherung und Vertiefung bereits im Unterricht erarbeiteter mathematischer Inhalte
- Erinnerung an und wiederholendes Üben von länger zurückliegenden Unterrichtsinhalten
- Gezieltes Üben zum Ausgleich bei individuell auftretenden Problemen, zur Einzelförderung und auch im Nachhilfeunterricht
- Lernkontrollen zu jedem Thema
- Einfach und übersichtlich: Arbeitsblatt und zugehörige Lösungen auf einen Blick
- Selbstkontrollmöglichkeit durch Lösungsseiten in Form von „ausgefüllten" Arbeitsblättern

Die didaktische Entscheidung über die Art und Weise sowie den Zeitpunkt des Einsatzes der Arbeitsblätter bleibt natürlich der Lehrerin bzw. dem Lehrer überlassen.

Klammerregel

$9 \cdot (x - 9)$	I AM
$9 \cdot x - 9 \cdot 9$	I Z
$9x - 81$	

Additions- und Subtraktionsregel

$x - 5 + x = 2 + x$	I – x
$-5 + x = 2$	I + 5
$x = 7$	

© Persen Verlag, Buxtehude

Subtraktionsregel

$$x + x = x - 7 \qquad | - x$$
$$x = -7$$

Subtraktionsregel

$$y + 1 = 4 \qquad | - 1$$
$$y = 3$$

Marco Bettner: Terme und Gleichungen
© Persen Verlag, Buxtehude

Additionsregel

$$y - 4 = 8 \qquad | + 4$$
$$y = 12$$

Additionsregel

$$5 = x \qquad | + 1$$
$$6 = x + 1$$

Divisionsregel

$2x = 8 \quad | :2$
$x = 4$

Marco Bettner: Terme und Gleichungen
© Persen Verlag, Buxtehude

Multiplikationsregel

$$\frac{1}{2}x = 3 \qquad | \cdot 2$$
$$x = 6$$

© Persen Verlag, Buxtehude

Blankowaage (Rechenregeln)

Blankowaage (Rechenregeln)

Marco Bettner: Terme und Gleichungen
© Persen Verlag, Buxtehude

Blankojongleur (Rechenreihenfolge)

In welcher Reihenfolge wird gerechnet?
Bringe die Stichworte in die richtige Reihenfolge.

© Persen Verlag, Buxtehude

INFO

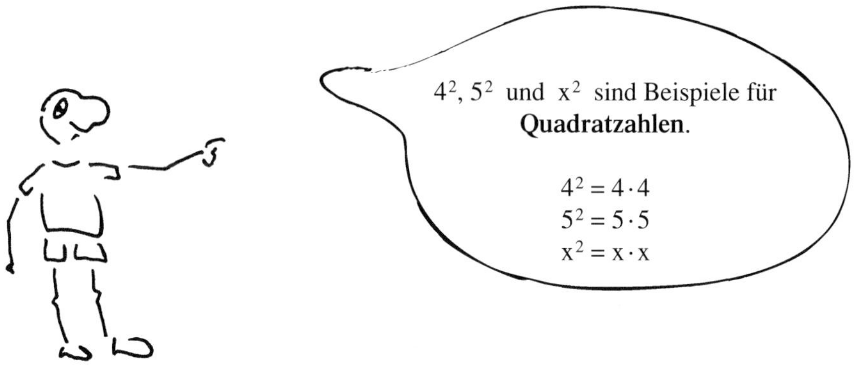

1 **Nenne Beispiele aus deiner Umwelt, in denen Quadratzahlen vorkommen.**

____

____

2 **Stelle als Quadrat dar.**

a) $17 \cdot 17 =$ ______________ b) $y \cdot y =$ ______________

c) $3 \cdot 4 \cdot 3 \cdot 4 =$ ______________ d) $(5 + 7) \cdot (5 + 7) =$ ______________

3 **Stelle als Produkt dar.**

a) $23^2 =$ ______________ b) $(-180)^2 =$ ______________

c) $m^2 =$ ______________ d) $(4 - 1)^2 =$ ______________

4 **Berechne die Quadrate im Kopf.**

a) $7^2 =$ ______________ b) $1^2 =$ ______________

c) $(5 + 3)^2 =$ ______________ d) $16^2 =$ ______________

Marco Bettner: Terme und Gleichungen
© Persen Verlag, Buxtehude

INFO

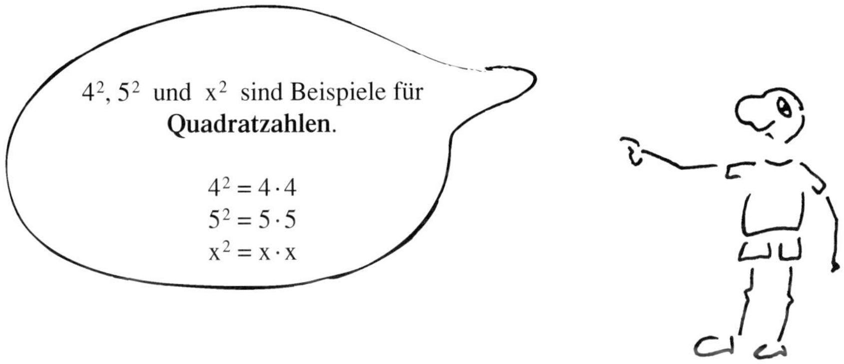

1 **Nenne Beispiele aus deiner Umwelt, in denen Quadratzahlen vorkommen.**

$3\,m^2$, $5\,cm^2$, Preis pro Quadratmeter,

Flächenangaben wie „Die Fläche der Bundesrepublik beträgt $357.021\,km^2$."

2 **Stelle als Quadrat dar.**

a) $17 \cdot 17 = 17^2$

b) $y \cdot y = y^2$

c) $3 \cdot 4 \cdot 3 \cdot 4 = 3^2 \cdot 4^2$ bzw. $(3 \cdot 4)^2$ bzw. 12^2

d) $(5 + 7) \cdot (5 + 7) = (5 + 7)^2$ bzw. 12^2

3 **Stelle als Produkt dar.**

a) $23^2 = 23 \cdot 23$

b) $(-180)^2 = (-180) \cdot (-180)$

c) $m^2 = m \cdot m$

d) $(4 - 1)^2 = (4 - 1) \cdot (4 - 1)$

4 **Berechne die Quadrate im Kopf.**

a) $7^2 = 49$

b) $1^2 = 1$

c) $(5 + 3)^2 = 8^2 = 64$

d) $16^2 = 256$

1 **Im Unterricht wird ein gleichseitiges Dreieck mit einem 25 cm langen Aufhänger gebastelt. Berechne den gesamten Drahtverbrauch für unterschiedliche a-Werte. Fülle dazu die Tabelle aus. Suche dir dann einen eigenen Wert für a aus.**

Für a (in cm)	$3 \cdot a + 25$	Termwert (in cm)
20	*$3 \cdot 20 + 25 = 60 + 25$*	*85*
30		
40		
60		

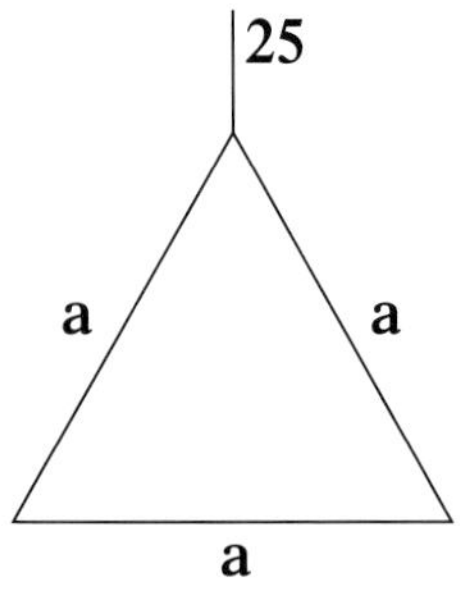

2

a) **Was ist eine Variable?**

____

____

____

b) **Was schreibt man abkürzend für $3 \cdot x$?**

____

Beispiel:

$4x + 2$ (für $x = 3$)
$4 \cdot 3 + 2 = 12 + 2 = 14$

3 **Setze die entsprechenden Werte für die Variablen ein und berechne die Termwerte.**

a) $2y - 4$ (für $y = 9$)

____

b) $14 + 3z$ (für $z = 5$)

____

c) $4a - 37$ (für $a = -8$)

____

d) m^2 (für $m = 6$)

____

Marco Bettner: Terme und Gleichungen
© Persen Verlag, Buxtehude

1 **Im Unterricht wird ein gleichseitiges Dreieck mit einem 25 cm langen Aufhänger gebastelt. Berechne den gesamten Drahtverbrauch für unterschiedliche a-Werte. Fülle dazu die Tabelle aus. Suche dir dann einen eigenen Wert für a aus.**

Für a (in cm)	$3 \cdot a + 25$	Termwert (in cm)
20	$3 \cdot 20 + 25 = 60 + 25$	85
30	$3 \cdot 30 + 25 = 90 + 25$	115
40	$3 \cdot 40 + 25 = 120 + 25$	145
60	$3 \cdot 60 + 25 = 180 + 25$	205
	$3 \cdot$ ____ $+ 25 =$ ____ $+ 25$	

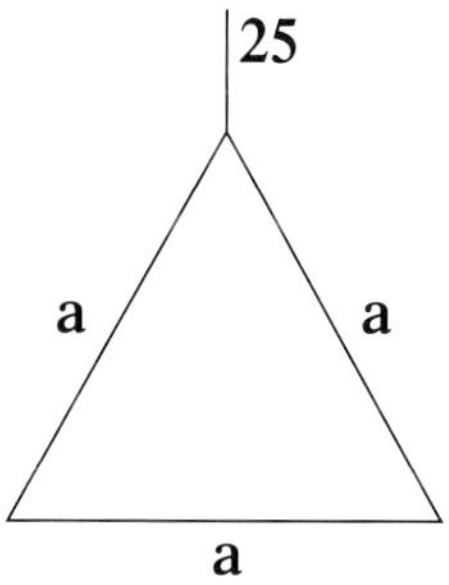

2

a) **Was ist eine Variable?**

Variablen halten den Platz frei für Zahlen.

Meist werden Buchstaben als Platzhalter

verwendet.

b) **Was schreibt man abkürzend für $3 \cdot x$?**

$3x$

3 **Setze die entsprechenden Werte für die Variablen ein und berechne die Termwerte.**

Beispiel:
$4x + 2$ (für $x = 3$)
$4 \cdot 3 + 2 = 12 + 2 = 14$

a) $2y - 4$ (für $y = 9$)

$2 \cdot 9 - 4 = 18 - 4 = 14$

b) $14 + 3z$ (für $z = 5$)

$14 + 3 \cdot 5 = 14 + 15 = 29$

c) $4a - 37$ (für $a = -8$)

$4 \cdot (-8) - 37 = -32 - 37 = -69$

d) m^2 (für $m = 6$)

$6^2 = 6 \cdot 6 = 36$

© Persen Verlag, Buxtehude

1 Kennst du die Rechenreihenfolge bei Termwertberechnungen? Bringe die vier Stichworte in die richtige Reihenfolge.

Punktrechnung vor Strichrechnung	von links nach rechts
Inneres einer Klammer	Potenzrechnung vor Punktrechnung

1. *Inneres einer Klammer*
2. ______________
3. ______________
4. ______________

2 Setze die entsprechenden Werte für die Variablen ein und berechne die Termwerte schrittweise.

Beispiel:
$5 + 3y$ (für $y = 4$)
$5 + 3 \cdot 4 = 5 + 12 = 17$

a) $5z - 7$ (für $z = 8$)

____

b) $5 \cdot (e + 6)$ (für $e = 4$)

____

c) $4 \cdot (5 - a)$ (für $a = 4$)

____

d) $7m - 5m$ (für $m = 6$)

____

e) $3 \cdot (6 + y) - 3 \cdot (y + 2)$ (für $y = 5$)

____

f) $3a^2 + 4$ (für $a = 5$)

____

Marco Bettner: Terme und Gleichungen
© Persen Verlag, Buxtehude

Rechenreihenfolge bei Termwertberechnungen

1 **Kennst du die Rechenreihenfolge bei Termwertberechnungen? Bringe die vier Stichworte in die richtige Reihenfolge.**

Punktrechnung vor Strichrechnung	von links nach rechts
Inneres einer Klammer	Potenzrechnung vor Punktrechnung

1. *Inneres einer Klammer*
2. *Potenzrechnung vor Punktrechnung*
3. *Punktrechnung vor Strichrechnung*
4. *von links nach rechts*

2 **Setze die entsprechenden Werte für die Variablen ein und berechne die Termwerte schrittweise.**

Beispiel:
$5 + 3y$ (für $y = 4$)
$5 + 3 \cdot 4 = 5 + 12 = 17$

a) $5z - 7$ (für $z = 8$)

$5 \cdot 8 - 7 = 40 - 7 = 33$

b) $5 \cdot (c + 6)$ (für $c = 4$)

$5 \cdot (4 + 6) = 5 \cdot 10 = 50$

c) $4 \cdot (5 - a)$ (für $a = 4$)

$4 \cdot (5 - 4) = 4 \cdot 1 = 4$

d) $7m - 5m$ (für $m = 6$)

$7 \cdot 6 - 5 \cdot 6 = 42 - 30 = 12$

e) $3 \cdot (6 + y) - 3 \cdot (y + 2)$ (für $y = 5$)

$3 \cdot (6 + 5) - 3 \cdot (5 + 2) = 3 \cdot 11 - 3 \cdot 7 = 33 - 21 = 12$

f) $3a^2 + 4$ (für $a = 5$)

$3 \cdot 5^2 + 4 = 3 \cdot 25 + 4 = 75 + 4 = 79$

© Persen Verlag, Buxtehude

Terme haben Namen 4

INFO

Terme haben Namen. Der Name eines Terms leitet sich von der Rechenart ab, die zuletzt durchgeführt wird.

1 **Die Rechenart, die beim Rechenbaum unten steht, gibt den Namen des Terms an. Erstelle zu jedem Term einen Rechenbaum und notiere den Namen.**

Beispiel: $4a + 5$

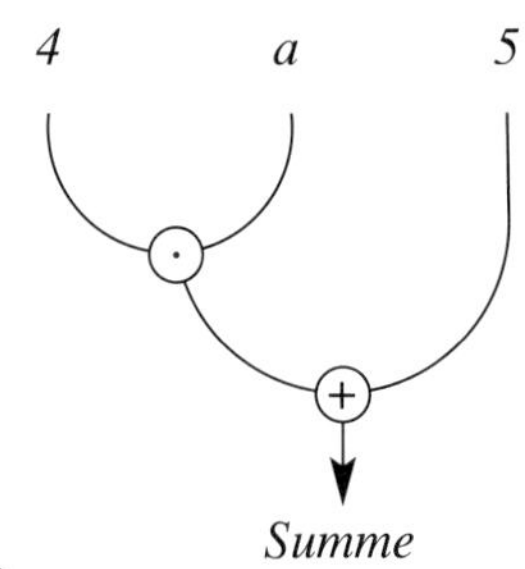

a) $3c - 7$

b) $4 \cdot (x + 6)$

c) $12 - 7y$

2 **Ordne jedem Term seinen Namen zu. Ein Name wird doppelt verwendet.**

Summe	Differenz	Produkt	Quotient	Quadrat

a) $3x + 4$ ____________________

b) $4 \cdot (a + b)$ ____________________

c) $\frac{12x}{7}$ ____________________

d) $3x^2$ ____________________

e) $12abc^2 - 4ax$ ____________________

f) $(x + 5)^2$ ____________________

Marco Bettner: Terme und Gleichungen
© Persen Verlag, Buxtehude

Terme haben Namen **L 4**

INFO

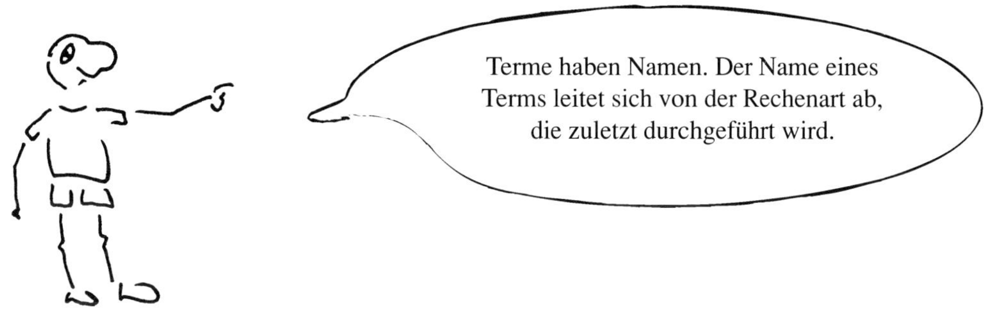

1 **Die Rechenart, die beim Rechenbaum unten steht, gibt den Namen des Terms an. Erstelle zu jedem Term einen Rechenbaum und notiere den Namen.**

Beispiel: $4a + 5$

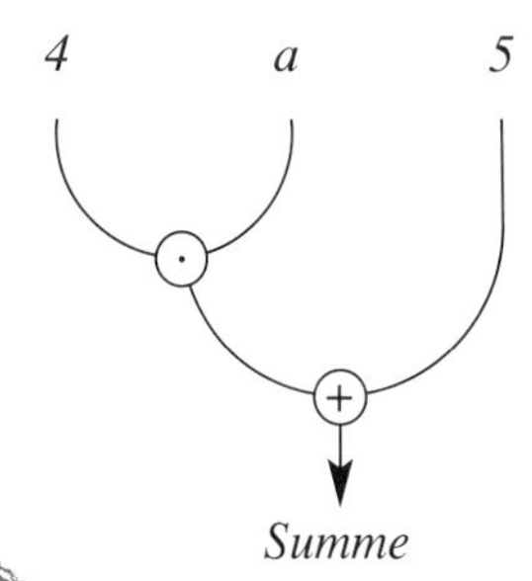

a) $3c - 7$

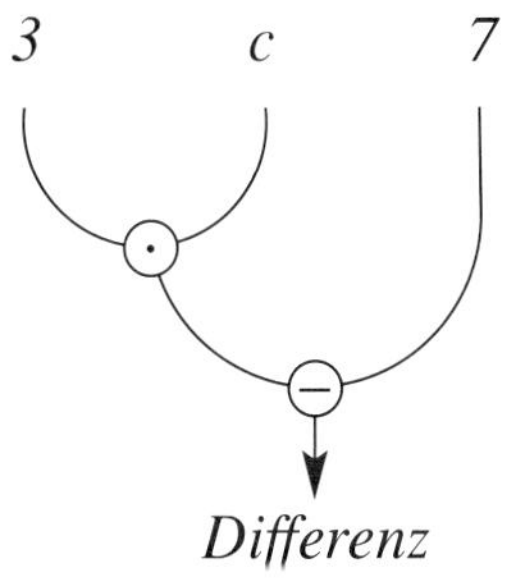

b) $4 \cdot (x + 6)$

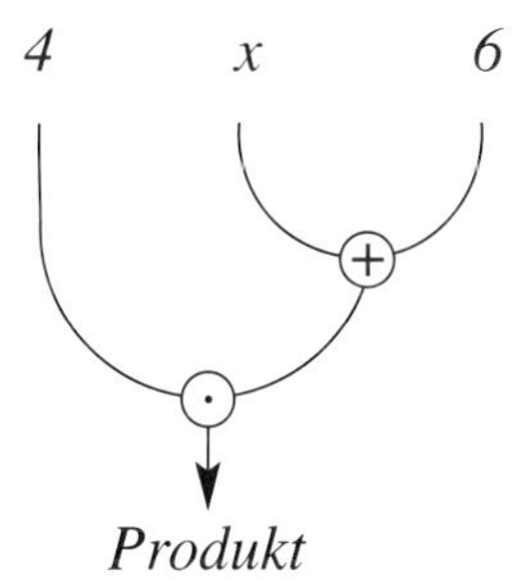

c) $12 - 7y$

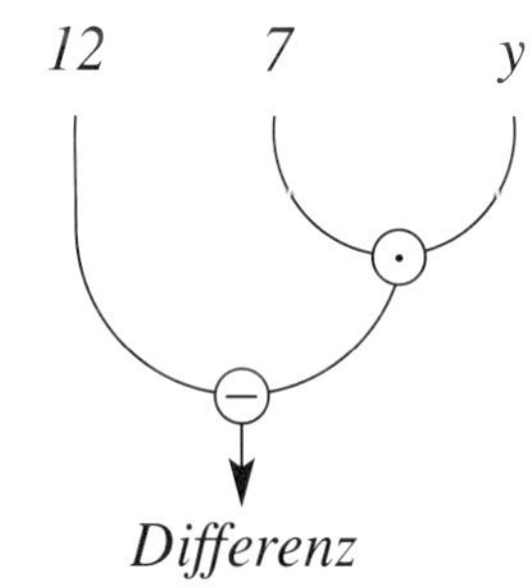

2 **Ordne jedem Term seinen Namen zu. Ein Name wird doppelt verwendet.**

Summe	Differenz	Produkt	Quotient	Quadrat

a) $3x + 4$ *Summe*

b) $4 \cdot (a + b)$ *Produkt*

c) $\frac{12x}{7}$ *Quotient*

d) $3x^2$ *Produkt*

e) $12abc^2 - 4ax$ *Differenz*

f) $(x + 5)^2$ *Quadrat*

© Persen Verlag, Buxtehude

1 **Ein Kilogramm Äpfel kostet 3,50 €.**

a) Stelle einen Term auf, aus dem man den Preis in Abhängigkeit vom Gewicht x der Äpfel (in kg) berechnen kann.

___

b) Berechne den Preis für 1,5 kg Äpfel.

___

___

2 **Bei der Telefongesellschaft Telemobil beträgt der Preis für eine Einheit 0,50 €. Hinzu kommt die monatliche Grundgebühr von 9,50 €.**

a) Stelle einen Term auf, sodass man den monatlichen Endpreis in Abhängigkeit von der Anzahl y der Einheiten berechnen kann.

___

b) Berechne den monatlichen Rechnungspreis für 50 Einheiten.

___

___

3 **Im Unterricht wird ein Quader aus Draht gebastelt.**

a) Stelle einen Term auf, mit dem man die gesamte Drahtlänge für den Quader in Abhängigkeit von den Längen x und y berechnen kann.

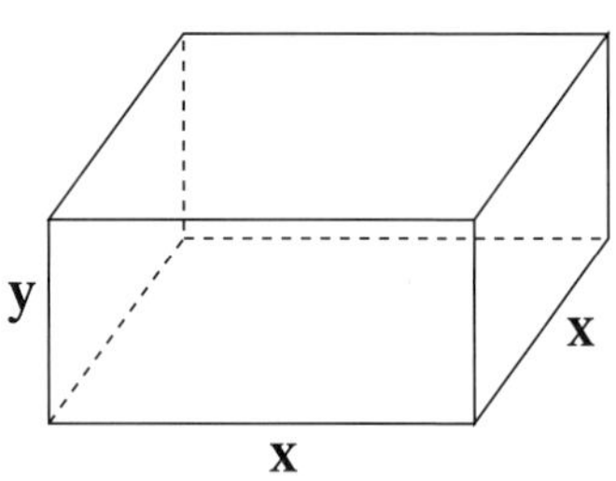

___

b) Wie groß ist der Drahtverbrauch, wenn $x = 5\,cm$ und $y = 7\,cm$ beträgt?

___

___

Marco Bettner: Terme und Gleichungen
© Persen Verlag, Buxtehude

1 **Ein Kilogramm Äpfel kostet 3,50 €.**

a) Stelle einen Term auf, aus dem man den Preis in Abhängigkeit vom Gewicht x der Äpfel (in kg) berechnen kann.

$3{,}50 \cdot x$

b) Berechne den Preis für 1,5 kg Äpfel.

$3{,}50 \cdot 1{,}5 = 5{,}25$

1,5 kg Äpfel kosten 5,25 €.

2 **Bei der Telefongesellschaft Telemobil beträgt der Preis für eine Einheit 0,50 €. Hinzu kommt die monatliche Grundgebühr von 9,50 €.**

a) Stelle einen Term auf, sodass man den monatlichen Endpreis in Abhängigkeit von der Anzahl y der Einheiten berechnen kann.

$0{,}50 \cdot y + 9{,}50$

b) Berechne den monatlichen Rechnungspreis für 50 Einheiten.

$0{,}50 \cdot 50 + 9{,}50 = 25 + 9{,}50 = 34{,}50$

Bei 50 Einheiten beträgt der monatliche Preis 34,50 €.

3 **Im Unterricht wird ein Quader aus Draht gebastelt.**

a) Stelle einen Term auf, mit dem man die gesamte Drahtlänge für den Quader in Abhängigkeit von den Längen x und y berechnen kann.

$8 \cdot x + 4 \cdot y$

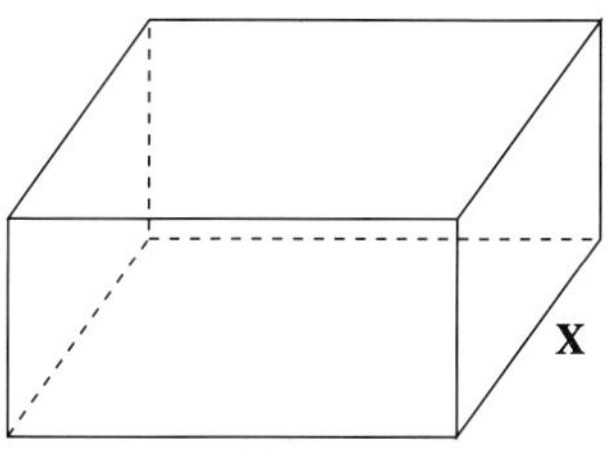

b) Wie groß ist der Drahtverbrauch, wenn x = 5 cm und y = 7 cm beträgt?

$8 \cdot 5 + 4 \cdot 7 = 40 + 28 = 68$

Dann braucht man 68 cm Draht.

1 **Gib 2 verschiedene Terme für die Umfangsberechnung des regelmäßigen Fünfecks in Abhängigkeit von der Seitenlänge s an.**

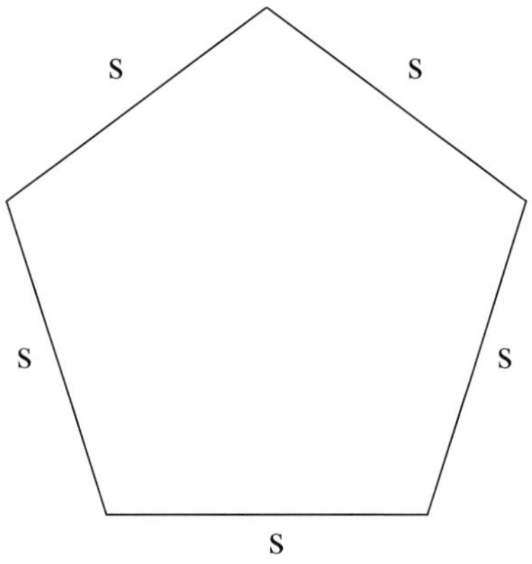

Summe: ______________________

Produkt: ______________________

2 **Fasse die Terme zusammen.**

a) $x + x + x + x =$ ______________

b) $n + n + n + n + n + n =$ ______________

c) $a + c + a + c + a + c =$ ______________

d) $x + y + z + x + y + z =$ ______________

e) $xy + xy + xy + xy =$ ______________

f) $a + a + b =$ ______________

g) $a + b + xy + b + a + a + xy + a + b + a =$ ______________

h) $ab + y + ab + ab + y + z + ab + y =$ ______________

3 **Schreibe ausführlich.**

a) $3y =$ ______________

b) $7z =$ ______________

c) $3m + 2r =$ ______________

d) $4x + 2y + z =$ ______________

e) $3ab + 2xy =$ ______________

f) $x - 2y + 3z =$ ______________

Marco Bettner: Terme und Gleichungen
© Persen Verlag, Buxtehude

1 **Gib 2 verschiedene Terme für die Umfangsberechnung des regelmäßigen Fünfecks in Abhängigkeit von der Seitenlänge s an.**

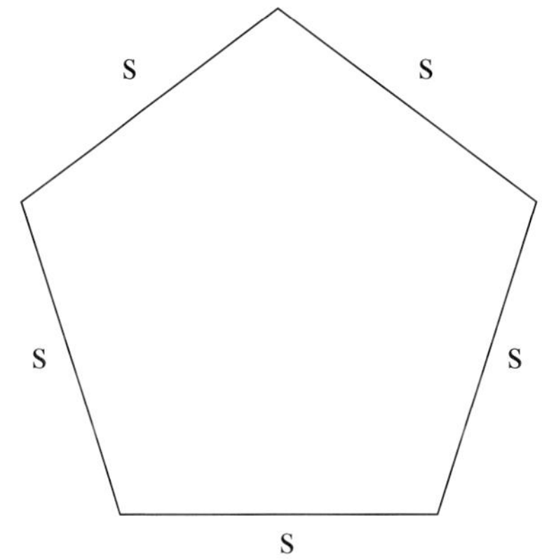

Summe: $s + s + s + s + s$

Produkt: $5 \cdot s$

2 **Fasse die Terme zusammen.**

a) $x + x + x + x = 4x$

b) $n + n + n + n + n + n = 6n$

c) $a + c + a + c + a + c = 3a + 3c$

d) $x + y + z + x + y + z = 2x + 2y + 2z$

e) $xy + xy + xy + xy = 4xy$

f) $a + a + b = 2a + b$

g) $a + b + xy + b + a + a + xy + a + b + a = 5a + 3b + 2xy$

h) $ab + y + ab + ab + y + z + ab + y = 4ab + 3y + z$

3 **Schreibe ausführlich.**

a) $3y = y + y + y$

b) $7z = z + z + z + z + z + z + z$

c) $3m + 2r = m + m + m + r + r$

d) $4x + 2y + z = x + x + x + x + y + y + z$

e) $3ab + 2xy = ab + ab + ab + xy + xy$

f) $x - 2y + 3z = x - y - y + z + z + z$

1 **Gib 3 verschiedene Terme für den gesamten Drahtverbrauch in Abhängigkeit von x an, wenn beide Modelle zusammen gebaut werden.**

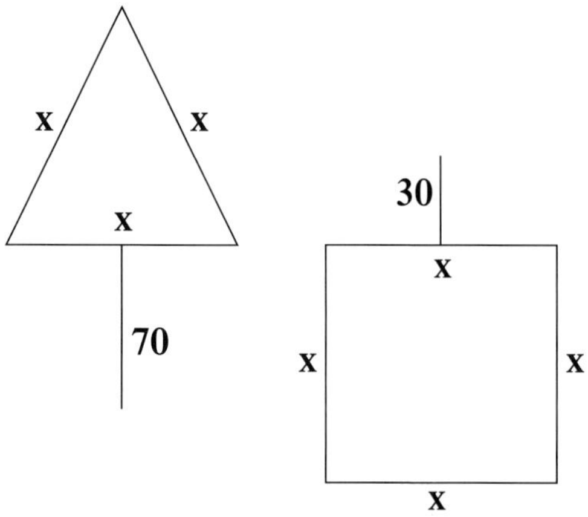

1. Term: ____________________

2. Term: ____________________

3. Term: ____________________

2 **Fasse die Terme zusammen.**

a) $2x + 3x =$ ____________________

b) $4y + 20 + 2y + 10 =$ ____________________

c) $7a - 3a =$ ____________________

d) $12x + 3a - 4x - a =$ ____________________

e) $5ab + 17 + 3ab - 3 =$ ____________________

f) $119x + 118y - 37z =$ ____________________

3 **Es wird eine Pyramide aus Draht gebastelt.**

a) Schreibe einen ausführlichen Term für den gesamten Drahtverbrauch der Pyramide in Abhängigkeit von w und k.

____

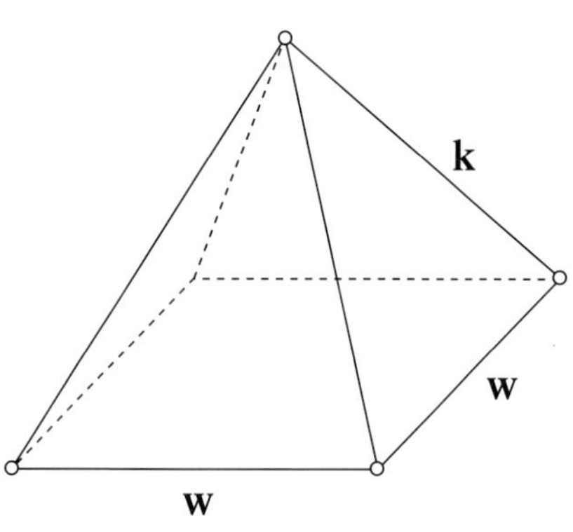

b) Schreibe einen kurzen Term für den gesamten Drahtverbrauch der Pyramide in Abhängigkeit von w und k.

____

Marco Bettner: Terme und Gleichungen
© Persen Verlag, Buxtehude

1 **Gib 3 verschiedene Terme für den gesamten Drahtverbrauch in Abhängigkeit von x an, wenn beide Modelle zusammen gebaut werden.**

1. Term: $x + x + x + 70 + x + x + x + x + 30$

2. Term: $3x + 70 + 4x + 30$

3. Term: $7x + 100$

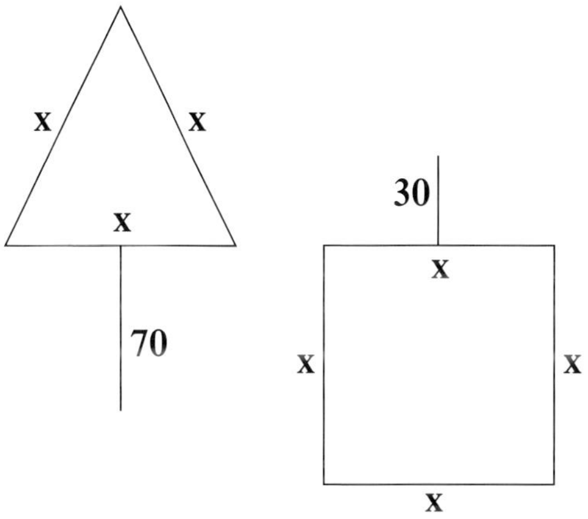

2 **Fasse die Terme zusammen.**

a) $2x + 3x = 5x$

b) $4y + 20 + 2y + 10 = 6y + 30$

c) $7a - 3a = 4a$

d) $12x + 3a - 4x - a = 8x + 2a$

e) $5ab + 17 + 3ab - 3 = 8ab + 14$

f) $119x + 118y - 37z = 119x + 118y - 37z$

3 **Es wird eine Pyramide aus Draht gebastelt.**

a) Schreibe einen ausführlichen Term für den gesamten Drahtverbrauch der Pyramide in Abhängigkeit von w und k.

$w + w + w + w + k + k + k + k$

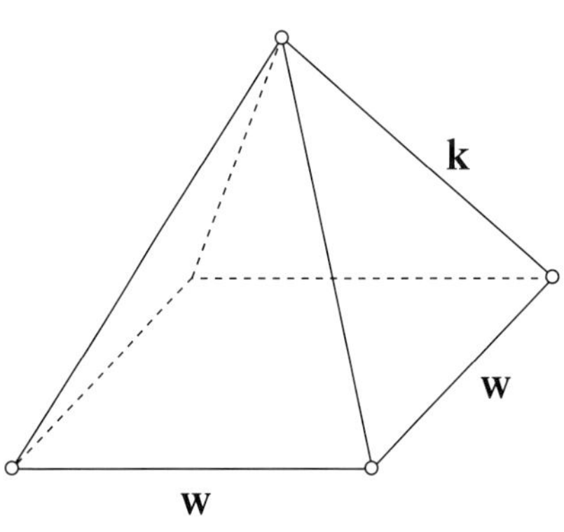

b) Schreibe einen kurzen Term für den gesamten Drahtverbrauch der Pyramide in Abhängigkeit von w und k.

$4w + 4k$

INFO

Ein Windrad besteht aus 4 gleichseitigen Dreiecken. Jede Dreiecksseite ist c dm lang. Die Gesamtlänge des Windrades in Abhängigkeit von c lässt sich durch 3 Terme darstellen:

1. Term: $c+c+c + c+c+c + c+c+c + c+c+c$
2. Term: $4 \cdot 3c$
3. Term: $12c$

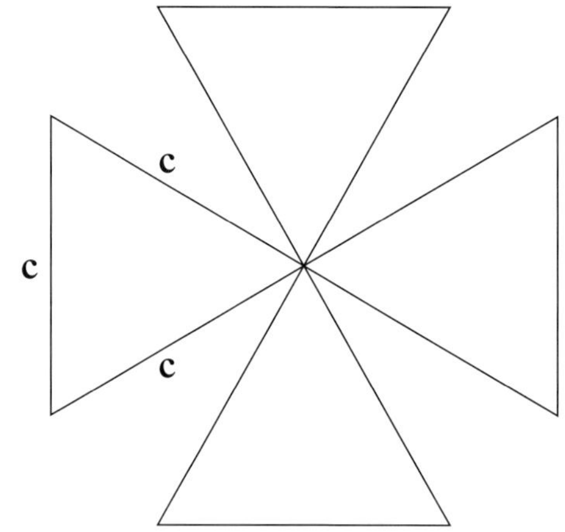

1 Fasse die Terme zusammen.

a) $4 \cdot 2a =$ ______ b) $5x \cdot 17 =$ ______

c) $4b \cdot 20 =$ ______ d) $17 \cdot 8b \cdot 2 \cdot a =$ ______

e) $\frac{8x}{4} =$ ______ f) $\frac{289y}{17} =$ ______

g) $2 \cdot \frac{3}{5}y =$ ______ h) $\frac{1}{2} \cdot \frac{4a}{7} =$ ______

Beispiel:

$24x = 8 \cdot 3 \cdot x$

2 Schreibe als Produkt von 3 Faktoren.

a) $12y =$ ______ b) $27ab =$ ______

c) $144z =$ ______ d) $\frac{x}{8} =$ ______

Marco Bettner: Terme und Gleichungen
© Persen Verlag, Buxtehude

INFO

Ein Windrad besteht aus 4 gleichseitigen Dreiecken. Jede Dreiecksseite ist c dm lang. Die Gesamtlänge des Windrades in Abhängigkeit von c lässt sich durch 3 Terme darstellen:

1. Term: $c+c+c \; + \; c+c+c \; + \; c+c+c \; + \; c+c+c$

2. Term: $4 \cdot 3c$

3. Term: $12c$

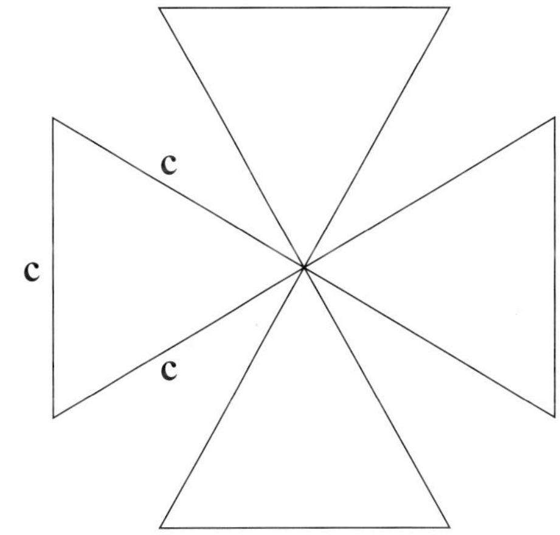

1 Fasse die Terme zusammen.

a) $4 \cdot 2a = 8a$

b) $5x \cdot 17 = 85x$

c) $4b \cdot 20 = 80b$

d) $17 \cdot 8b \cdot 2 \cdot a = 272ab$

e) $\frac{8x}{4} = 2x$

f) $\frac{289y}{17} = 17y$

g) $2 \cdot \frac{3}{5}y = \frac{6}{5}y$

h) $\frac{1}{2} \cdot \frac{4a}{7} = \frac{2}{7}a$

Beispiel:

$24x = 8 \cdot 3 \cdot x$

2 Schreibe als Produkt von 3 Faktoren.

a) $12y = 4 \cdot 3 \cdot y$ oder $6 \cdot 2 \cdot y$

b) $27ab = 27 \cdot a \cdot b$ oder $3 \cdot 9 \cdot ab$

c) $144z = 12 \cdot 12 \cdot z$

d) $\frac{x}{8} = x \cdot \frac{1}{2} \cdot \frac{1}{4}$

© Persen Verlag, Buxtehude

1 **Für eine Büroklammer werden x cm Draht benötigt. In einer Schachtel befinden sich 250 Büroklammern, in einem Paket 12 Schachteln und auf einer Palette 15 Pakete.**

a) Notiere einen ausführlichen Term für den gesamten Drahtverbrauch einer Büroklammern-Palette.

____

b) Notiere einen kurzen Term für den gesamten Drahtverbrauch einer Büroklammern-Palette.

____

c) Berechne den gesamten Drahtverbrauch für eine Büroklammern-Palette, wenn $x = 10$ cm ist.

____

____

2 **Vereinfache die Terme.**

a) $\frac{a}{2} \cdot 14 =$ ______________

b) $\frac{z \cdot 8}{4} =$ ______________

c) $(-4) \cdot x \cdot 5 =$ ______________

d) $\frac{1}{2}x \cdot \frac{1}{4} =$ ______________

e) $(-3) \cdot a \cdot (-5) =$ ______________

f) $(-3) \cdot x \cdot \frac{7}{4} =$ ______________

g) $\frac{1}{3} \cdot a \cdot (-6) =$ ______________

h) $\frac{1}{7}y : 4 =$ ______________

Marco Bettner: Terme und Gleichungen
© Persen Verlag, Buxtehude

1 **Für eine Büroklammer werden x cm Draht benötigt. In einer Schachtel befinden sich 250 Büroklammern, in einem Paket 12 Schachteln und auf einer Palette 15 Pakete.**

a) Notiere einen ausführlichen Term für den gesamten Drahtverbrauch einer Büroklammern-Palette.

$250x \cdot 12 \cdot 15$

b) Notiere einen kurzen Term für den gesamten Drahtverbrauch einer Büroklammern-Palette.

$45.000x$

c) Berechne den gesamten Drahtverbrauch für eine Büroklammern-Palette, wenn x = 10 cm ist.

$45.000 \cdot 10 = 450.000$

Es werden 450.000 cm Draht benötigt.

2 **Vereinfache die Terme.**

a) $\frac{a}{2} \cdot 14 = 7a$

b) $\frac{z \cdot 8}{4} = 2z$

c) $(-4) \cdot x \cdot 5 = -20x$

d) $\frac{1}{2}x \cdot \frac{1}{4} = \frac{1}{8}x$

e) $(-3) \cdot a \cdot (-5) = 15a$

f) $(-3) \cdot x \cdot \frac{7}{4} = -\frac{21}{4}x$

g) $\frac{1}{3} \cdot a \cdot (-6) = -2a$

h) $\frac{1}{7}y : 4 = \frac{1}{28}y$

© Persen Verlag, Buxtehude

1 **Vereinfache die Terme.**

a) $3a \cdot 2 + 4b \cdot 2 + 8 \cdot 4a + 5b \cdot 9 =$ ____________________

b) $4y \cdot 6 + 3 \cdot 4 - 2y \cdot 3 - 5 \cdot 2 =$ ____________________

c) $\frac{4x}{8} + \frac{6x}{12} =$ ____________________

d) $3z \cdot 4 - 5a \cdot b - 5z \cdot 7 + ab \cdot 6 =$ ____________________

e) $6r \cdot 2 + \frac{4s}{8} - r \cdot 5 \cdot 3 - \frac{18s}{36} =$ ____________________

2 **Stimmt das? Berichtige die Fehler der Umformungen.**

a) $2x + 3y = 5xy$? ____________________

b) $6 \cdot 2ab = 12a \cdot 12b$? ____________________

c) $5 \cdot 7xy = 35xy$? ____________________

d) $\frac{3z}{6} + 2a \cdot 4 - \frac{12z}{24} - a \cdot 6 \cdot 5 = \frac{1}{2}z + 3$?

____

Marco Bettner: Terme und Gleichungen
© Persen Verlag, Buxtehude

1 **Vereinfache die Terme.**

a) $3a \cdot 2 + 4b \cdot 2 + 8 \cdot 4a + 5b \cdot 9 =$ *$6a + 8b + 32a + 45b = 38a + 53b$*

b) $4y \cdot 6 + 3 \cdot 4 - 2y \cdot 3 - 5 \cdot 2 =$ *$24y + 12 - 6y - 10 = 18y + 2$*

c) $\frac{4x}{8} + \frac{6x}{12} =$ *$\frac{1}{2}x + \frac{1}{2}x = x$*

d) $3z \cdot 4 - 5a \cdot b - 5z \cdot 7 + ab \cdot 6 =$ *$12z - 5ab - 35z + 6ab = -23z + ab$*

e) $6r \cdot 2 + \frac{4s}{8} - r \cdot 5 \cdot 3 - \frac{18s}{36} =$ *$12r + \frac{1}{2}s - 15r - \frac{1}{2}s = -3r$*

2 **Stimmt das? Berichtige die Fehler der Umformungen.**

a) $2x + 3y = 5xy$? *Nein: $2x + 3y = 2x + 3y$ Dieser Term kann nicht weiter umgeformt werden.*

b) $6 \cdot 2ab = 12a \cdot 12b$? *Nein: $6 \cdot 2ab = 12ab$*

c) $5 \cdot 7xy = 35xy$? *Ja.*

d) $\frac{3z}{6} + 2a \cdot 4 - \frac{12z}{24} - a \cdot 6 \cdot 5 = \frac{1}{2}z + 3$?

Nein: $\frac{3z}{6} + 2a \cdot 4 - \frac{12z}{24} - a \cdot 6 \cdot 5 = \frac{1}{2}z + 8a - \frac{1}{2}z - 30a = -22a$

© Persen Verlag, Buxtehude

INFO

Der Umfang eines Rechtecks mit den Seiten a und b lässt sich auf 2 Arten berechnen:

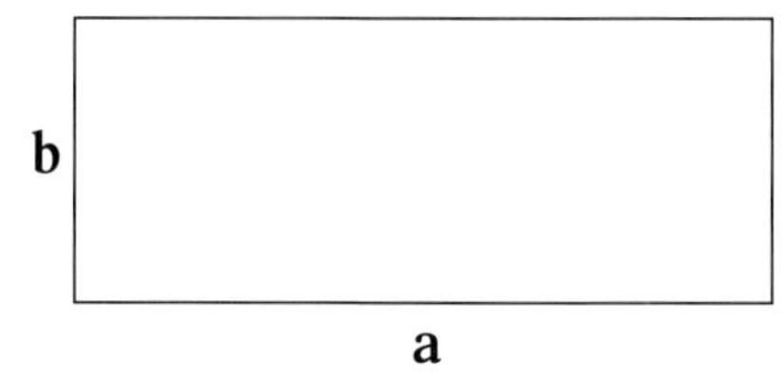

$U = 2 \cdot (a + b)$ oder $U = 2a + 2b$

Also:

$2 \cdot (a + b) = 2a + 2b$

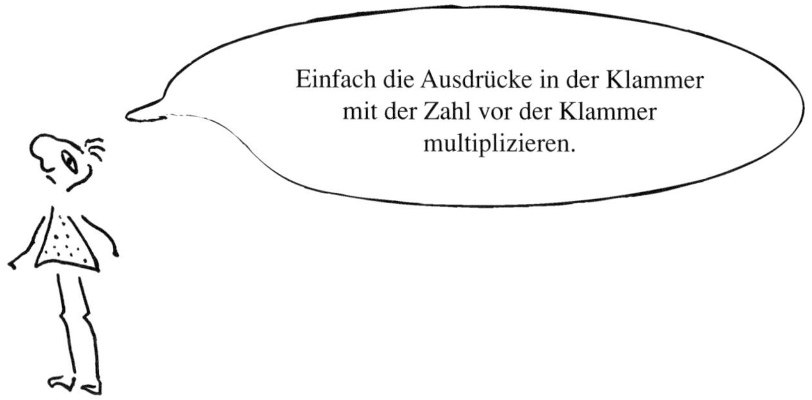

1 **Löse die Klammer auf.**

a) $3 \cdot (x + y) =$ ______________________

b) $4 \cdot (z + 5) =$ ______________________

c) $8 \cdot (a - b) =$ ______________________

d) $(3{,}8x + 2{,}4y) \cdot 1{,}2 =$ ______________________

e) $\frac{1}{4} \cdot (12 + 28x) =$ ______________________

f) $(-3) \cdot (x + y) =$ ______________________

2 **Wie heißt das mathematische Gesetz, das über das Auflösen von Klammern informiert?**

____

3 **„+" oder „–"? Ergänze die passenden Rechenzeichen und Vorzeichen:**

a) $(-4) \cdot (f - 3) =$ ☐ 4f ☐ 12

b) $3 \cdot (-4 + x) =$ ☐ 12 ☐ 3x

c) $5 \cdot (x + 4 - y) =$ ☐ 5x ☐ 20 ☐ 5y

d) $(-a) \cdot (-2 + b) =$ ☐ 2a ☐ ab

e) $(x - 6) \cdot (-7) =$ ☐ 7x ☐ 42

f) $(2x + 16 - y) \cdot (-4) =$ ☐ 8x ☐ 64 ☐ 4y

Marco Bettner: Terme und Gleichungen
© Persen Verlag, Buxtehude

Einfache Klammern auflösen

INFO

Der Umfang eines Rechtecks mit den Seiten a und b lässt sich auf 2 Arten berechnen:

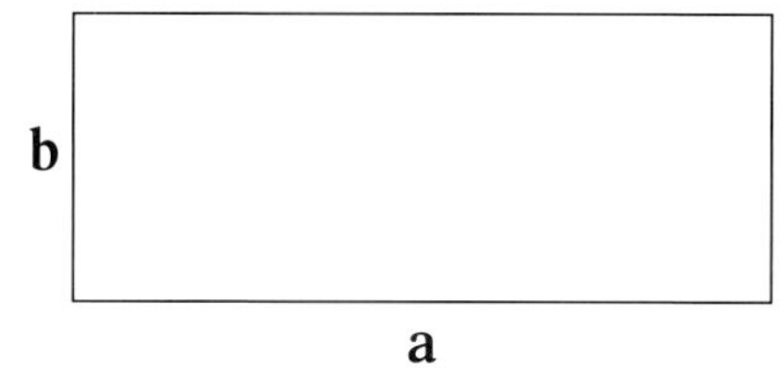

$U = 2 \cdot (a + b)$ oder $U = 2a + 2b$

Also:

$2 \cdot (a + b) = 2a + 2b$

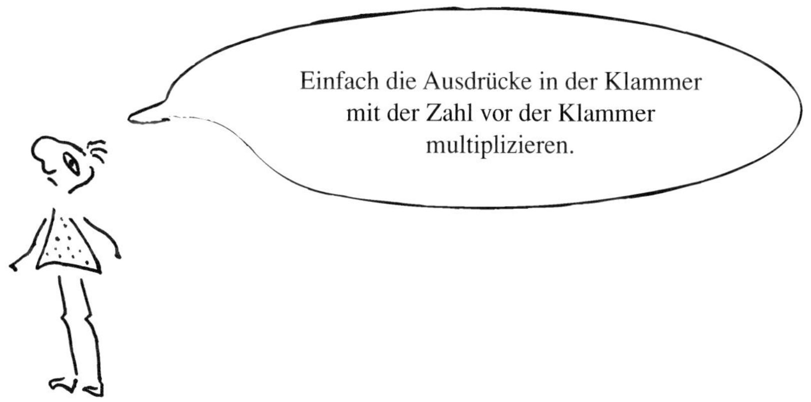

1 Löse die Klammer auf.

a) $3 \cdot (x + y) =$ *3x + 3y*

b) $4 \cdot (z + 5) =$ *4z + 20*

c) $8 \cdot (a - b) =$ *8a – 8b*

d) $(3{,}8x + 2{,}4y) \cdot 1{,}2 =$ *4,56x + 2,88y*

e) $\frac{1}{4} \cdot (12 + 28x) =$ *3 + 7x*

f) $(-3) \cdot (x + y) =$ *–3x – 3y*

2 Wie heißt das mathematische Gesetz, das über das Auflösen von Klammern informiert?

Distributivgesetz (Verteilungsgesetz)

3 „+“ oder „–“? Ergänze die passenden Rechenzeichen und Vorzeichen:

a) $(-4) \cdot (f - 3) = \boxed{-}\ 4f\ \boxed{+}\ 12$

b) $3 \cdot (-4 + x) = \boxed{-}\ 12\ \boxed{+}\ 3x$

c) $5 \cdot (x + 4 - y) = \boxed{+}\ 5x\ \boxed{+}\ 20\ \boxed{-}\ 5y$

d) $(-a) \cdot (-2 + b) = \boxed{+}\ 2a\ \boxed{-}\ ab$

e) $(x - 6) \cdot (-7) = \boxed{-}\ 7x\ \boxed{+}\ 42$

f) $(2x + 16 - y) \cdot (-4) = \boxed{-}\ 8x\ \boxed{-}\ 64\ \boxed{+}\ 4y$

© Persen Verlag, Buxtehude

INFO

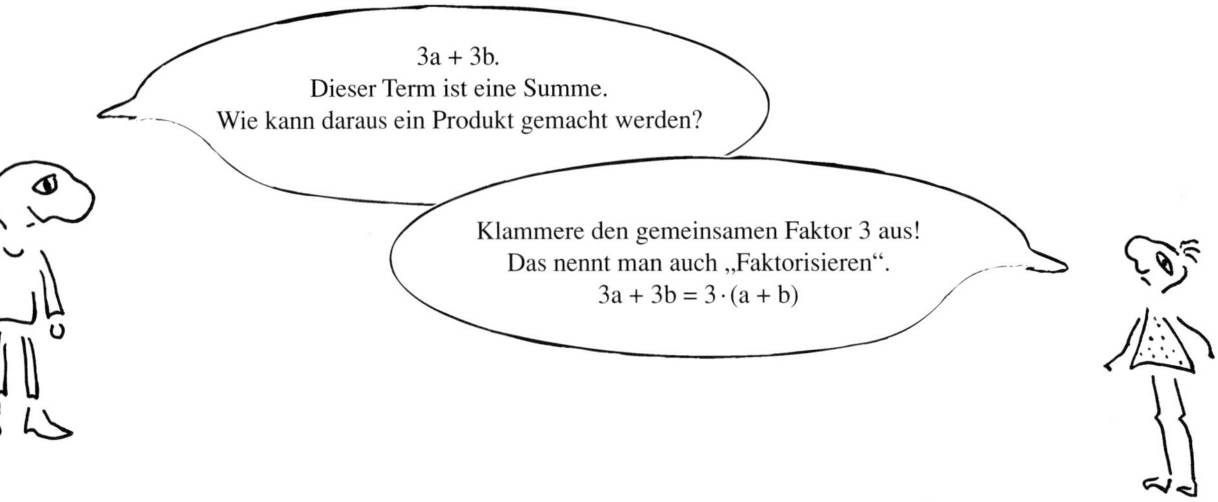

1 **Multipliziere obige Lösung wieder aus und kontrolliere das Ergebnis.**

$3 \cdot (a + b) =$ ______________________________

2 **Klammere einen möglichst großen Faktor aus.**

a) $14b + 14c =$ ______________

b) $5x - 5y =$ ______________

c) $3t + 2tb =$ ______________

d) $66a - 6b =$ ______________

e) $4a + 3a + 7a =$ ______________

f) $56ax + 8x - 32xy =$ ______________

g) $ab - 6b + 18bx =$ ______________

h) $12cd - 4c + 8cd =$ ______________

____

3 **Setze passende Variablen oder Zahlen in die Kästchen $\square$ ein, sodass faktorisiert werden kann. Hier gibt es mehrere Lösungen.**

a) $4a + 5 \cdot \square =$

b) $12m + \square \cdot p =$

c) $3y^2 \cdot \square + \square \cdot \square \cdot b =$

d) $7a^2b + 4 \cdot \square \cdot y =$

Marco Bettner: Terme und Gleichungen
© Persen Verlag, Buxtehude

INFO

3a + 3b.
Dieser Term ist eine Summe.
Wie kann daraus ein Produkt gemacht werden?

Klammere den gemeinsamen Faktor 3 aus!
Das nennt man auch „Faktorisieren“.
$3a + 3b = 3 \cdot (a + b)$

1 Multipliziere obige Lösung wieder aus und kontrolliere das Ergebnis.

$3 \cdot (a + b) = 3a + 3b$

2 Klammere einen möglichst großen Faktor aus.

a) $14b + 14c = 14 \cdot (b + c)$

b) $5x - 5y = 5 \cdot (x - y)$

c) $3t + 2tb = t \cdot (3 + 2b)$

d) $66a - 6b = 6 \cdot (11a - b)$

e) $4a + 3a + 7a = (4 + 3 + 7) \cdot a = 14 \cdot a$

f) $56ax + 8x - 32xy = 8x \cdot (7a + 1 - 4y)$

g) $ab - 6b + 18bx = b \cdot (a - 6 + 18x)$

h) $12cd - 4c + 8cd = 4c \cdot (3d - 1 + 2d) = 4c \cdot (5d - 1)$

3 Setze passende Variablen oder Zahlen in die Kästchen ☐ ein, sodass faktorisiert werden kann. Hier gibt es mehrere Lösungen.

a) $4a + 5 \cdot \boxed{a} = (4 + 5) \cdot a = 9 \cdot a$

b) $12m + \boxed{12} \cdot p = 12 \cdot (m + p)$

c) $3y^2 \cdot \boxed{b} + \boxed{6} \cdot \boxed{y^2} \cdot b = (3 + 6) \cdot y^2 b = 9 \cdot y^2 b$

d) $7a^2 b + 4 \cdot \boxed{b} \cdot y = b \cdot (7a^2 + 4y)$

© Persen Verlag, Buxtehude

INFO

Wird ein Klammerterm subtrahiert, d. h. steht ein Minuszeichen vor der Klammer, so drehen sich beim „Weglassen“ der Klammern die Vorzeichen um.

Beispiele:

a) $3-(x+4)=$
$3-x-4$

b) $16-(2-4)=$
$16-2+4$

1 Löse die Klammern auf und fasse so weit wie möglich zusammen.

a) y – (a + b) = ____________________

b) x – (3a + 4z) = ____________________

c) 3s – (2s + 5) – (7 – 4s) = ____________________

d) 4a + (5a + 2) – (3a – 14) = ____________________

e) 6,8x + (1,2y – 4) – (5,2x – 6,2) = ____________________

2 Stimmt das? Berichtige die Fehler.

a) 3x – (4 + y) = 3x + 4 – y ? ____________________

b) 5x – (y – 4) = 5x – y + 4 ? ____________________

c) 2y – (y + 8) + (3 – y) = 2y – y – 8 – 3 + y ?

____

Marco Bettner: Terme und Gleichungen
© Persen Verlag, Buxtehude

INFO

Wird ein Klammerterm subtrahiert, d. h. steht ein Minuszeichen vor der Klammer, so drehen sich beim „Weglassen" der Klammern die Vorzeichen um.

Beispiele:

a) $3 - (x + 4) =$ $3 - x - 4$

b) $16 - (2 - 4) =$ $16 - 2 + 4$

1 Löse die Klammern auf und fasse so weit wie möglich zusammen.

a) $y - (a + b) = y - a - b$

b) $x - (3a + 4z) = x - 3a - 4z$

c) $3s - (2s + 5) - (7 - 4s) = 3s - 2s - 5 - 7 + 4s = 5s - 12$

d) $4a + (5a + 2) - (3a - 14) = 4a + 5a + 2 - 3a + 14 = 6a + 16$

e) $6{,}8x + (1{,}2y - 4) - (5{,}2x - 6{,}2) = 6{,}8x + 1{,}2y - 4 - 5{,}2x + 6{,}2 = 1{,}6x + 1{,}2y + 2{,}2$

2 Stimmt das? Berichtige die Fehler.

a) $3x - (4 + y) = 3x + 4 - y$? *Nein:* $3x - (4 + y) = 3x - 4 - y$

b) $5x - (y - 4) = 5x - y + 4$? *Ja.*

c) $2y - (y + 8) + (3 - y) = 2y - y - 8 - 3 + y$?

Nein: $2y - (y + 8) + (3 - y) = 2y - y - 8 + 3 - y = -5$

1 **Ein Rechteck R hat die Teilflächen A1, A2, A3 und A4.**

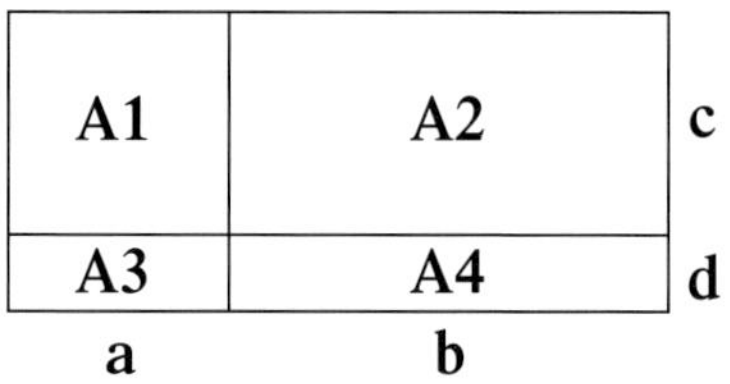

a) Gib einen Term für die einzelnen Teilflächen (A1, A2, A3 und A4) des Rechtecks an.

A1 = ____________________ A2 = ____________________

A3 = ____________________ A4 = ____________________

b) Gib einen Term für die gesamte Rechteckfläche R in Abhängigkeit von den vier Teilflächen an.

R = ____

c) Gib einen Term für die gesamte Rechteckfläche R in Abhängigkeit von den beiden Seiten (a + b) und (c + d) an.

R = ____

2 **Löse die Klammern auf und fasse so weit wie möglich zusammen.**

Beispiel:

$(x + 2) \cdot (y + 4) = xy + 4x + 2y + 8$

a) $(a + 5) \cdot (7 + b) =$ ____________________

b) $(3a + 5) \cdot (4 - 2x) =$ ____________________

c) $(9s - 7c) \cdot (3t - 2u) =$ ____________________

3 **Setze „+“ und „–“ ein.**

a) $(x + 2) \cdot (y - 9) =$ ☐ xy ☐ 9x ☐ 2y ☐ 18

b) $(3a - 2) \cdot (4 - 5b) =$ ☐ 12a ☐ 15ab ☐ 8 ☐ 10b

Marco Bettner: Terme und Gleichungen
© Persen Verlag, Buxtehude

1 **Ein Rechteck R hat die Teilflächen A1, A2, A3 und A4.**

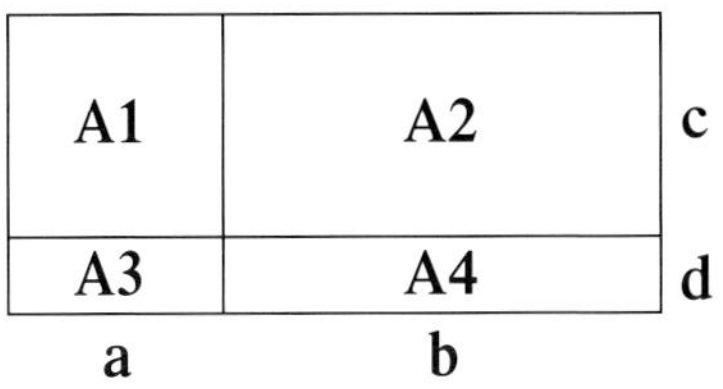

a) Gib einen Term für die einzelnen Teilflächen (A1, A2, A3 und A4) des Rechtecks an.

A1 = $a \cdot c$ A2 = $b \cdot c$

A3 = $a \cdot d$ A4 = $b \cdot d$

b) Gib einen Term für die gesamte Rechteckfläche R in Abhängigkeit von den vier Teilflächen an.

R = $A1 + A2 + A3 + A4 = a \cdot c + b \cdot c + a \cdot d + b \cdot d$

c) Gib einen Term für die gesamte Rechteckfläche R in Abhängigkeit von den beiden Seiten (a + b) und (c + d) an.

R = $(a + b) \cdot (c + d)$

2 **Löse die Klammern auf und fasse so weit wie möglich zusammen.**

Beispiel:

$(x + 2) \cdot (y + 4) = xy + 4x + 2y + 8$

a) $(a + 5) \cdot (7 + b) = 7a + ab + 35 + 5b$

b) $(3a + 5) \cdot (4 - 2x) = 12a - 6ax + 20 - 10x$

c) $(9s - 7c) \cdot (3t - 2u) = 27st - 18su - 21ct + 14cu$

3 **Setze „+" und „–" ein.**

a) $(x + 2) \cdot (y - 9) =$ [+] xy [–] 9x [+] 2y [–] 18

b) $(3a - 2) \cdot (4 - 5b) =$ [+] 12a [–] 15ab [–] 8 [+] 10b

1. binomische Formel

1 **Betrachte das Quadrat Q mit seinen vier Teilflächen.**

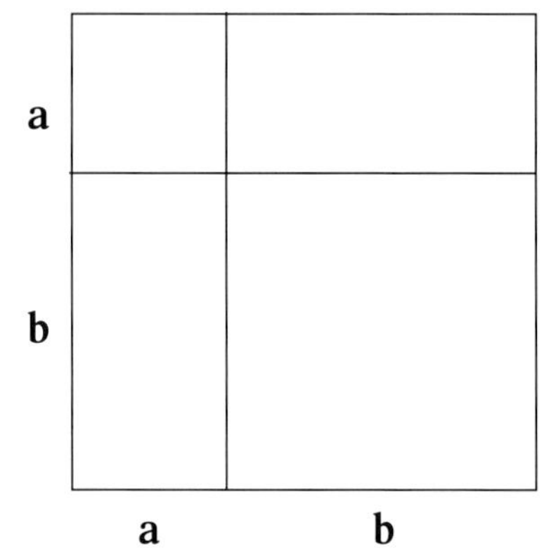

a) Stelle einen Term zur Berechnung der gesamten Quadratfläche Q auf. Multipliziere dazu die Seitenlängen und fasse zusammen.

Q = ______________________________

b) Stelle einen weiteren Term zur Berechnung der gesamten Quadratfläche Q auf. Summiere dazu die 4 Teilflächen und fasse zusammen.

Q = ______________________________

INFO

Die 1. binomische Formel lautet: $(a + b)^2 = a^2 + 2ab + b^2$

Diese Formel lässt sich auch über die bekannte Regel zur Multiplikation von Klammern herleiten:

$$(a + b)^2 = (a + b) \cdot (a + b) = a^2 + ab + ab + b^2 = a^2 + 2ab + b^2$$

2 **Wende die 1. binomische Formel an.**

a) $(x + 3)^2 =$ ______________________________

b) $(b + 20)^2 =$ ______________________________

c) $(1 + 2x)^2 =$ ______________________________

d) $(\frac{1}{2} + \frac{1}{4}x)^2 =$ ______________________________

e) $(ab + ab)^2 =$ ______________________________

f) $(q + 0)^2 =$ ______________________________

g) $(y + 7z)^2 =$ ______________________________

h) $(3x + 12y)^2 =$ ______________________________

Marco Bettner: Terme und Gleichungen
© Persen Verlag, Buxtehude

1 **Betrachte das Quadrat Q mit seinen vier Teilflächen.**

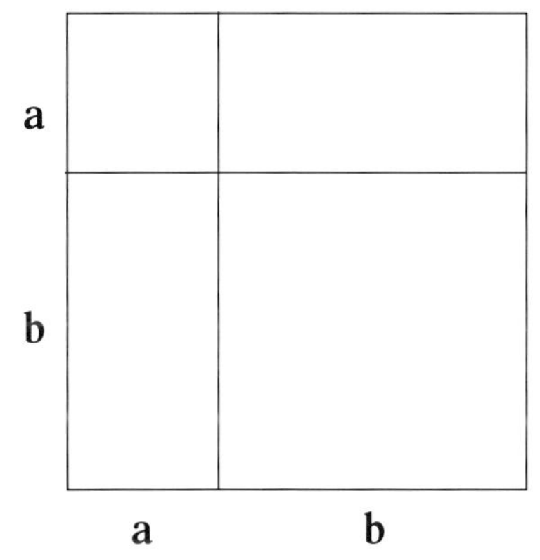

a) Stelle einen Term zur Berechnung der gesamten Quadratfläche Q auf.
Multipliziere dazu die Seitenlängen und fasse zusammen.

Q = $(a + b) \cdot (a + b) = (a + b)^2$

b) Stelle einen weiteren Term zur Berechnung der gesamten Quadratfläche Q auf.
Summiere dazu die 4 Teilflächen und fasse zusammen.

Q = $a^2 + ab + ab + b^2 = a^2 + 2ab + b^2$

INFO

Die 1. binomische Formel lautet: $(a + b)^2 = a^2 + 2ab + b^2$

Diese Formel lässt sich auch über die bekannte Regel zur Multiplikation von Klammern herleiten:

$$(a + b)^2 = (a + b) \cdot (a + b) = a^2 + ab + ab + b^2 = a^2 + 2ab + b^2$$

2 **Wende die 1. binomische Formel an.**

a) $(x + 3)^2 = x^2 + 6x + 9$

b) $(b + 20)^2 = b^2 + 40b + 400$

c) $(1 + 2x)^2 = 1 + 4x + 4x^2$

d) $(\frac{1}{2} + \frac{1}{4}x)^2 = \frac{1}{4} + \frac{1}{4}x + \frac{1}{16}x^2$

e) $(ab + ab)^2 = (ab)^2 + 2(ab)^2 + (ab)^2 = 4(ab)^2$

f) $(q + 0)^2 = q^2$

g) $(y + 7z)^2 = y^2 + 14yz + 49z^2$

h) $(3x + 12y)^2 = 9x^2 + 72xy + 144y^2$

© Persen Verlag, Buxtehude

1 Betrachte das graue Quadrat Q.

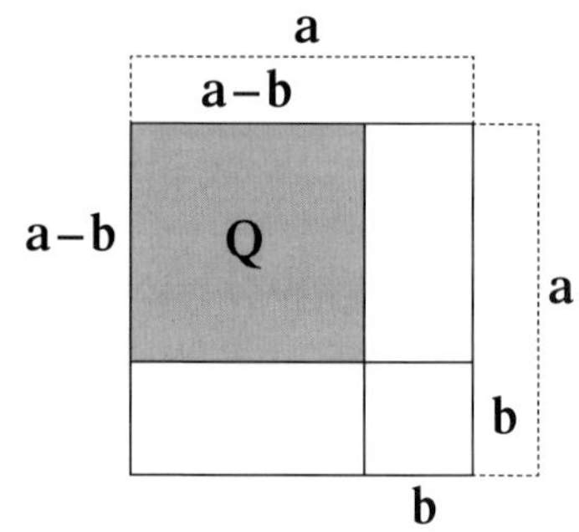

a) Stelle einen Term zur Berechnung der Fläche des grauen Quadrates Q auf. Multipliziere dazu die Seitenlänge (a – b) mit sich selbst und fasse zusammen.

Q = ______________________________

b) Stelle einen weiteren Term zur Berechnung des grauen Quadrates Q auf. Gehe dabei von der großen Quadratfläche aus und subtrahiere Teilflächen.

Q = ____

2 Hier geht es um die 2. binomische Formel.

a) Wie lautet sie?

____

b) Wie kommen die binomischen Formeln zu ihrem Namen? Informiere dich und schreibe die Ergebnisse deiner Nachforschungen auf. Aufgepasst: Wenn du im Internet nachschaust, findest du widersprüchliche Informationen. Welche stimmen wohl?

____

____

____

____

____

3 Wende die 2. binomische Formel an.

a) $(x - 4)^2 =$ ______________________

b) $(17 - y)^2 =$ ______________________

c) $(1 - a)^2 =$ ______________________

d) $(\frac{1}{3} - \frac{1}{2}x)^2 =$ ______________________

e) $(z - 0)^2 =$ ______________________

f) $(3x - 15y)^2 =$ ______________________

Marco Bettner: Terme und Gleichungen
© Persen Verlag, Buxtehude

1 **Betrachte das graue Quadrat Q.**

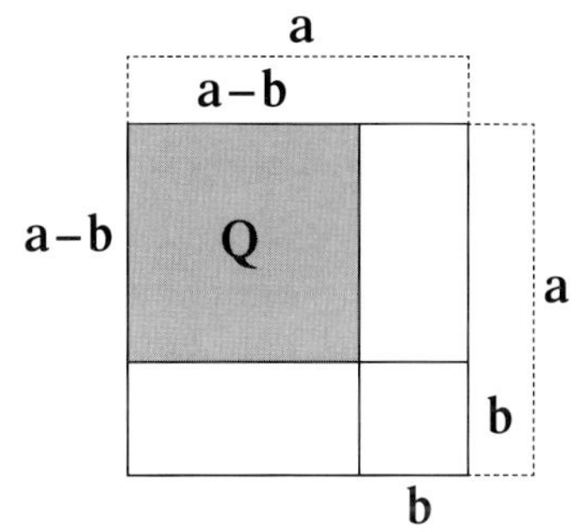

a) Stelle einen Term zur Berechnung der Fläche des grauen Quadrates Q auf. Multipliziere dazu die Seitenlänge (a – b) mit sich selbst und fasse zusammen.

Q = $(a-b)\cdot(a-b) = (a-b)^2$

b) Stelle einen weiteren Term zur Berechnung des grauen Quadrates Q auf. Gehe dabei von der großen Quadratfläche aus und subtrahiere Teilflächen.

Q = $a^2 - b\cdot(a-b) - b\cdot(a-b) - b^2 = a^2 - ab + b^2 - ab + b^2 - b^2 = a^2 - 2ab + b^2$

2 **Hier geht es um die 2. binomische Formel.**

a) Wie lautet sie?

$(a-b)^2 = a^2 - 2ab + b^2$

b) Wie kommen die binomischen Formeln zu ihrem Namen? Informiere dich und schreibe die Ergebnisse deiner Nachforschungen auf. Aufgepasst: Wenn du im Internet nachschaust, findest du widersprüchliche Informationen. Welche stimmen wohl?

These 1: *Sie heißen nach ihrem „Erfinder“ Luigi Allesandro Binomi (29.02.1448 in Modena – 13.08.1543 in Cagliari), wie es die „Biographien unbekannter Mathematiker“ des Biografischen Instituts Neuwied behaupten.*
These 2: *Sie heißen nach ihrem „Erfinder“ Binomi, wie es Otto Forster in „Analysis 1“ behauptet, wobei die Lebensdaten dort verwirrenderweise so lauten: 1727–1643.*
These 3: *Es handelt sich um Terme mit zwei (bi) Termen (nomen bzw. nomi). Bei mehr als zwei Termen spricht man von Polynomen (poly = viel).*
Was stimmt nun? *Für These 3 spricht, dass man in kaum einem Lexikon etwas über einen Mathematiker Binomi finden kann, auch nicht in mathematischen Fachlexika.*

3 **Wende die 2. binomische Formel an.**

a) $(x-4)^2 = x^2 - 8x + 16$

b) $(17-y)^2 = 289 - 34y + y^2$

c) $(1-a)^2 = 1 - 2a + a^2$

d) $(\frac{1}{3} - \frac{1}{2}x)^2 = \frac{1}{9} - \frac{1}{3}x + \frac{1}{4}x^2$

e) $(z-0)^2 = z^2$

f) $(3x - 15y)^2 = 9x^2 - 90xy + 225y^2$

© Persen Verlag, Buxtehude

1 **Multipliziere den Term (a – b) · (a + b) aus und fasse so weit wie möglich zusammen.**

____

2 **Hier geht es um die 3. binomische Formel.**

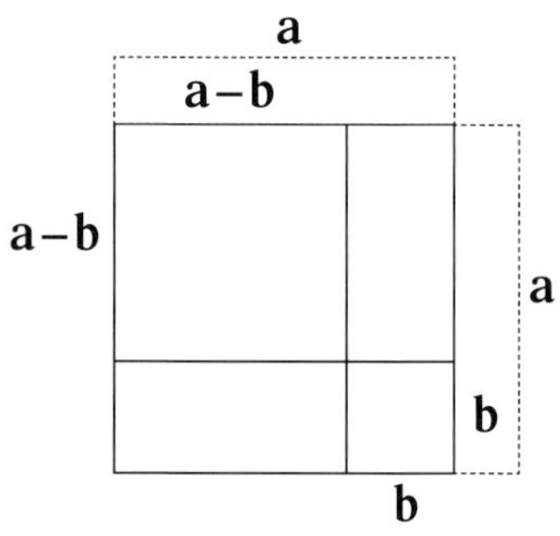

a) Welcher Ausdruck wird als 3. binomische Formel bezeichnet?

____

b) Welche Teilflächen des Quadrates werden mit ihr berechnet? Schraffiere sie.

3 **Wende die 3. binomische Formel an.**

a) $(x + 2) \cdot (x - 2) =$ ________________

b) $(m - u) \cdot (m + u) =$ ________________

c) $(3 - 2x) \cdot (3 + 2x) =$ ________________

d) $(7 - y) \cdot (7 + y) =$ ________________

e) $(11a + 12b) \cdot (11a - 12b) =$ __________

f) $(z - 0) \cdot (z + 0) =$ ________________

4 **Mit der 3. binomischen Formel lässt sich so manches schwierig aussehende Produkt geschickt in eine einfache Differenz zerlegen. Versuche es mal!**

Beispiel:

$21 \cdot 19 = (20 + 1) \cdot (20 - 1)$
$= 20^2 - 1^2 = 400 - 1$
$= 399$

a) $51 \cdot 49 =$ ______________________________________

b) $299 \cdot 301 =$ ____________________________________

c) $42 \cdot 38 =$ ______________________________________

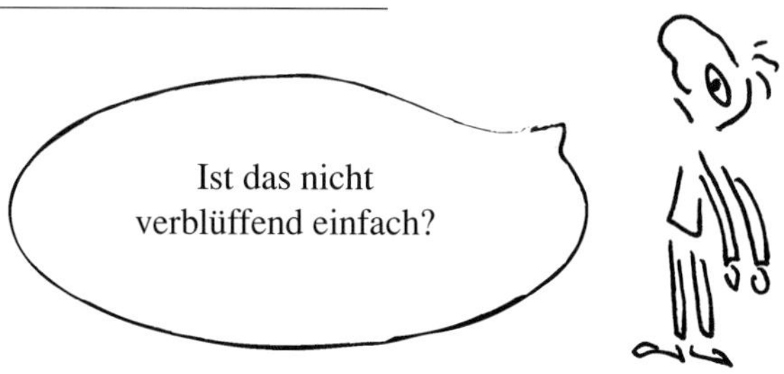

Marco Bettner: Terme und Gleichungen
© Persen Verlag, Buxtehude

3. binomische Formel

1 **Multipliziere den Term (a – b) · (a + b) aus und fasse so weit wie möglich zusammen.**

$(a - b) \cdot (a + b) = a^2 + ab - ab - b^2 = a^2 - b^2$

2 **Hier geht es um die 3. binomische Formel.**

a) Welcher Ausdruck wird als 3. binomische Formel bezeichnet?

$(a - b) \cdot (a + b) = a^2 - b^2$

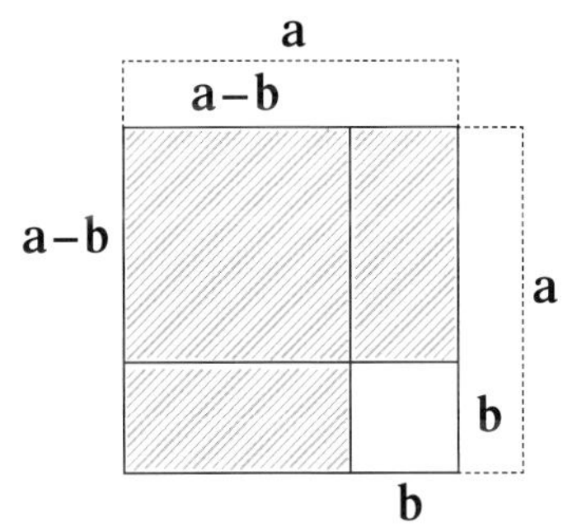

b) Welche Teilflächen des Quadrates werden mit ihr berechnet? Schraffiere sie.

3 **Wende die 3. binomische Formel an.**

a) $(x + 2) \cdot (x - 2) = x^2 - 4$

b) $(m - u) \cdot (m + u) = m^2 - u^2$

c) $(3 - 2x) \cdot (3 + 2x) = 9 - 4x^2$

d) $(7 - y) \cdot (7 + y) = 49 - y^2$

e) $(11a + 12b) \cdot (11a - 12b) = 121a^2 - 144b^2$

f) $(z - 0) \cdot (z + 0) = z^2$

4 **Mit der 3. binomischen Formel lässt sich so manches schwierig aussehende Produkt geschickt in eine einfache Differenz zerlegen. Versuche es mal!**

Beispiel:

$21 \cdot 19 = (20 + 1) \cdot (20 - 1)$
$= 20^2 - 1^2 = 400 - 1$
$= 399$

a) $51 \cdot 49 = (50 + 1) \cdot (50 - 1) = 50^2 - 1^2 = 2.500 - 1 = 2.499$

b) $299 \cdot 301 = (300 - 1) \cdot (300 + 1) = 300^2 - 1 = 90.000 - 1 = 89.999$

c) $42 \cdot 38 = (40 + 2) \cdot (40 - 2) = 40^2 - 2^2 = 1.600 - 4 = 1.596$

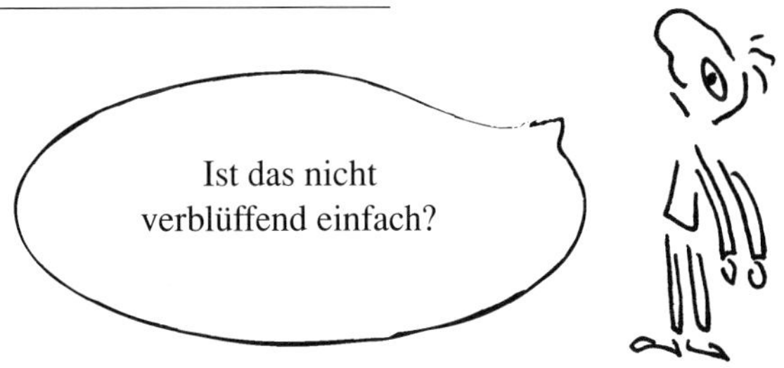

© Persen Verlag, Buxtehude

INFO

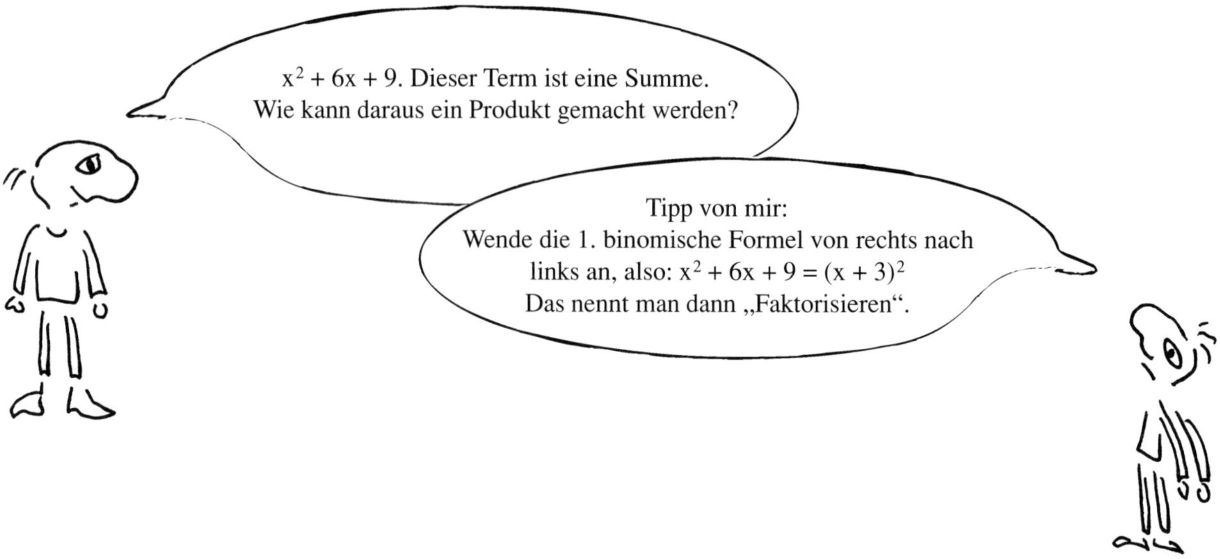

1 **Wende beim Term $(x + 3)^2$ die 1. binomische Formel an und kontrolliere das obige Ergebnis.**

____

2 **Faktorisiere mithilfe der drei binomischen Formeln.**

a) $x^2 + 8x + 16 =$ ____________

b) $16 - 8y + y^2 =$ ____________

c) $4a^2 - 4a + 1 =$ ____________

d) $36 - t^2 =$ ____________

e) $16t^2 + v^2 - 8vt =$ ____________

f) $-49 + a^2 =$ ____________

3 **Ergänze die Lücken $\square$.**

a) $a^2 + \square + b^2 = (a + b)^2$

b) $x^2 + \square + 49 = (x + 7)^2$

c) $f^2 - 8f + \square = (f - 4)^2$

d) $a^2 - \square = (a - 8)(a + 8)$

e) $t^2 + 12t + \square = (t + \square)^2$

f) $9x^2 - \square + 25y^2 = (3x - \square)^2$

g) $64m^2 - \square + s^2 = (\square - s)^2$

h) $\square - \square + 36 = (y - \square)^2$

Marco Bettner: Terme und Gleichungen
© Persen Verlag, Buxtehude

INFO

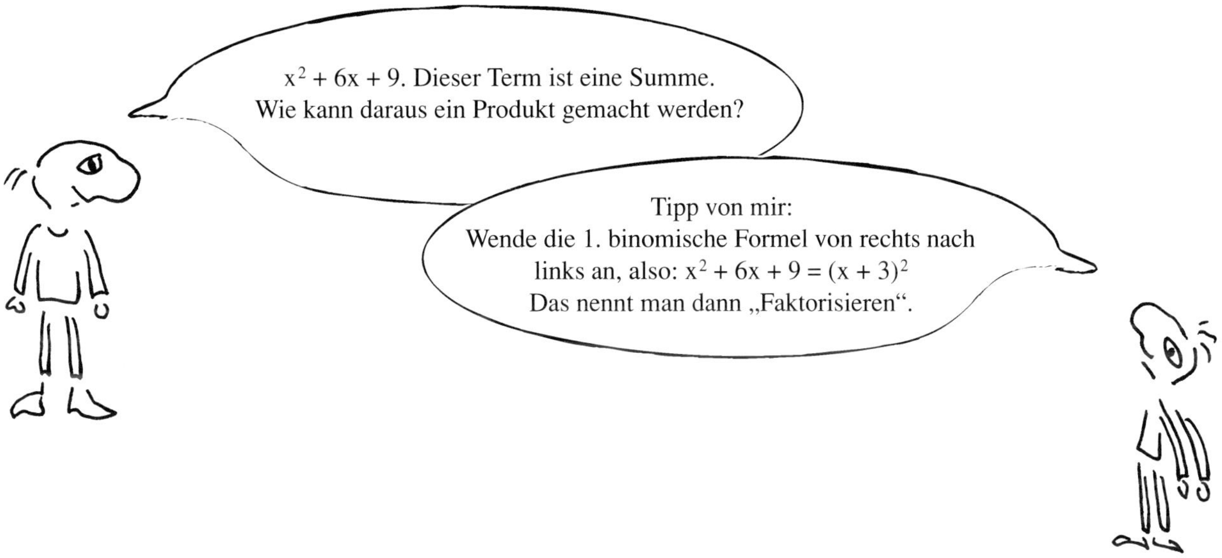

1 **Wende beim Term $(x + 3)^2$ die 1. binomische Formel an und kontrolliere das obige Ergebnis.**

$(x + 3)^2 = x^2 + 6x + 9$

2 **Faktorisiere mithilfe der drei binomischen Formeln.**

a) $x^2 + 8x + 16 =$ *$(x + 4)^2$*

b) $16 - 8y + y^2 =$ *$(4 - y)^2$ oder $(y - 4)^2$*

c) $4a^2 - 4a + 1 =$ *$(2a - 1)^2$ oder $(1 - 2a)^2$*

d) $36 - t^2 =$ *$(6 - t) \cdot (6 + t)$*

e) $16t^2 + v^2 - 8vt =$ *$(4t - v)^2$ oder $(v - 4t)^2$*

f) $-49 + a^2 =$ *$(a - 7) \cdot (a + 7)$*

3 **Ergänze die Lücken ☐.**

a) $a^2 + \boxed{2ab} + b^2 = (a + b)^2$

b) $x^2 + \boxed{14x} + 49 = (x + 7)^2$

c) $f^2 - 8f + \boxed{16} = (f - 4)^2$

d) $a^2 - \boxed{64} = (a - 8)(a + 8)$

e) $t^2 + 12t + \boxed{36} = (t + \boxed{6})^2$

f) $9x^2 - \boxed{30xy} + 25y^2 = (3x - \boxed{5y})^2$

g) $64m^2 - \boxed{16ms} + s^2 = (\boxed{8m} - s)^2$

h) $\boxed{y^2} - \boxed{12y} + 36 = (y - \boxed{6})^2$

© Persen Verlag, Buxtehude

1 **Fasse zusammen.**

a) $3x + 17 - 2x + \frac{8}{4} =$ ______

b) $2y + 2 \cdot (x + y) - 6 =$ ______

c) $17a + 3b - (6a + b) =$ ______

d) $(12c + 3e) \cdot (4a - 7b) =$ ______

2 **Stimmt das? Berichtige die Fehler.**

a) $2y - 4 \cdot (x - y) + 4x - 6y = 2y - 4x + 4y + 4x - 6y = 0$?

______

b) $4a + 2b + (3 - 8a) + \frac{1}{2} + \frac{1}{4} = 4a + 2b - 3 + 8a + \frac{2}{6}$?

______

c) $10m + 3s + 4 \cdot (x + 5) = 13ms + 4x + 45$?

______

3 **Wende wenn möglich die binomischen Formeln an.**

a) $(x + 4)^2 + (y - 2)^2 =$ ______

b) $(a + b)^2 - (a + b) =$ ______

c) $(c + d) \cdot (c - d) + 4 \cdot (c + x) =$ ______

d) $3x + 17 + 4x + 3 \cdot (14 + 2x) =$ ______

Marco Bettner: Terme und Gleichungen
© Persen Verlag, Buxtehude

1 Fasse zusammen.

a) $3x + 17 - 2x + \frac{8}{4} = x + 17 + 2 = x + 19$

b) $2y + 2 \cdot (x + y) - 6 = 2y + 2x + 2y - 6 = 2x + 4y - 6$

c) $17a + 3b - (6a + b) = 17a + 3b - 6a - b = 11a + 2b$

d) $(12c + 3e) \cdot (4a - 7b) = 48ac - 84bc + 12ae - 21be$

2 Stimmt das? Berichtige die Fehler.

a) $2y - 4 \cdot (x - y) + 4x - 6y = 2y - 4x + 4y + 4x - 6y = 0$?

Ja.

b) $4a + 2b + (3 - 8a) + \frac{1}{2} + \frac{1}{4} = 4a + 2b - 3 + 8a + \frac{2}{6}$?

Nein. $4a + 2b + (3 - 8a) + \frac{1}{2} + \frac{1}{4} = 4a + 2b + 3 - 8a + \frac{1}{2} + \frac{1}{4} = -4a + 2b + 3\frac{3}{4}$

c) $10m + 3s + 4 \cdot (x + 5) = 13ms + 4x + 45$?

Nein: $10m + 3s + 4 \cdot (x + 5) = 10m + 3s + 4x + 20$

3 Wende wenn möglich die binomischen Formeln an.

a) $(x + 4)^2 + (y - 2)^2 = x^2 + 8x + 16 + y^2 - 4y + 4 = x^2 + 8x + y^2 - 4y + 20$

b) $(a + b)^2 - (a + b) = a^2 + 2ab + b^2 - a - b$

c) $(c + d) \cdot (c - d) + 4 \cdot (c + x) = c^2 - d^2 + 4c + 4x$

d) $3x + 17 + 4x + 3 \cdot (14 + 2x) = 3x + 17 + 4x + 42 + 6x = 13x + 59$

© Persen Verlag, Buxtehude

1 **Fasse zusammen.**

a) $3x + 2x - 4x =$ ______

b) $\frac{36x}{9} =$ ______

c) $20a + 3b - 2a - b =$ ______

d) $140j + 3j - 4j \cdot 6 =$ ______

e) $4m + 3g + 2m + 7w - g - g + 8w + 6m =$ ______

2 **Wie heißt die Lösung, wenn man die angegebene Zahl für die Variable einsetzt?**

Für	$7x + 2x - 12$	$3x + 32 - \frac{4x}{5}$	$3x \cdot (2x - 4)$
$x = 7$			
$x = -3$			
$x = \frac{1}{2}$			

3 **Wende die binomischen Formeln an.**

a) $(x + 3)^2 =$ ______

b) $(y - 4)^2 =$ ______

c) $(x - 9) \cdot (x + 9) =$ ______

d) $(7x + 4y)^2 =$ ______

e) $(9c + 8d) \cdot (9c - 8d) =$ ______

4 **Berechne den Termwert.**

a) $54 - (87 - 59) + 74 =$ ______

b) $\frac{888}{8} + 12 \cdot 4 =$ ______

c) $[\frac{112}{8} + 5 \cdot (203 + 48)] \cdot 3.006 =$

______

Marco Bettner: Terme und Gleichungen
© Persen Verlag, Buxtehude

1 Fasse zusammen.

a $3x + 2x - 4x = x$

b $\frac{36x}{9} = 4x$

c $20a + 3b - 2a - b = 18a + 2b$

d $140j + 3j - 4j \cdot 6 = 143j - 24j = 119j$

e $4m + 3g + 2m + 7w - g - g + 8w + 6m = 12m + g + 15w$

2 Wie heißt die Lösung, wenn man die angegebene Zahl für die Variable einsetzt?

Für	$7x + 2x - 12$	$3x + 32 - \frac{4x}{5}$	$3x \cdot (2x - 4)$
$x = 7$	$7 \cdot 7 + 2 \cdot 7 - 12$ $= 49 + 14 - 12$ $= 51$	$3 \cdot 7 + 32 - \frac{4 \cdot 7}{5}$ $= 21 + 32 - \frac{28}{5}$ $= 47\frac{2}{5} = 47{,}4$	$3 \cdot 7 \cdot (2 \cdot 7 - 4)$ $= 21 \cdot (14 - 4) = 21 \cdot 10$ $= 210$
$x = -3$	$7 \cdot (-3) + 2 \cdot (-3) - 12$ $= -21 - 6 - 12$ $= -39$	$3 \cdot (-3) + 32 - \frac{4 \cdot (-3)}{5}$ $= -9 + 32 + \frac{12}{5}$ $= 25\frac{2}{5} = 25{,}4$	$3 \cdot (-3) \cdot (2 \cdot (-3) - 4)$ $= -9 \cdot (-6 - 4) = -9 \cdot (-10)$ $= 90$
$x = \frac{1}{2}$	$7 \cdot \frac{1}{2} + 2 \cdot \frac{1}{2} - 12$ $= 3{,}5 + 1 - 12$ $= -7{,}5$	$3 \cdot \frac{1}{2} + 32 - \frac{4 \cdot \frac{1}{2}}{5}$ $= 1{,}5 + 32 - \frac{2}{5}$ $= 33{,}1$	$3 \cdot \frac{1}{2} \cdot (2 \cdot \frac{1}{2} - 4)$ $1{,}5 \cdot (1 - 4) = 1{,}5 \cdot (-3)$ $= -4{,}5$

3 Wende die binomischen Formeln an.

a $(x + 3)^2 = x^2 + 6x + 9$

b $(y - 4)^2 = y^2 - 8y + 16$

c $(x - 9) \cdot (x + 9) = x^2 - 81$

d $(7x + 4y)^2 = 49x^2 + 56xy + 16y^2$

e $(9c + 8d) \cdot (9c - 8d) = 81c^2 - 64d^2$

4 Berechne den Termwert.

a $54 - (87 - 59) + 74 = 54 - 28 + 74 = 100$

b $\frac{888}{8} + 12 \cdot 4 = 111 + 48 = 159$

c $[\frac{112}{8} + 5 \cdot (203 + 48)] \cdot 3.006 =$

$[14 + 5 \cdot (251)] \cdot 3.006 = [14 + 1.255] \cdot 3.006 = 1.269 \cdot 3.006 = 3.814.614$

Marco Bettner: Terme und Gleichungen
© Persen Verlag, Buxtehude

Lernkontrolle 2 – Terme 21

1 **Gib den Namen des jeweiligen Terms an.**

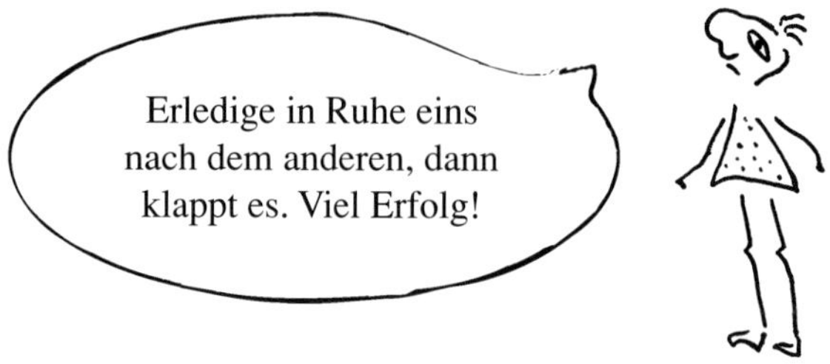

a) $3 \cdot (5 - 5) + 5$ ________________

b) $3 \cdot x + 2 \cdot y$ ________________

c) $(a + s) \cdot (d - f)$ ________________

d) $18 - [4 \cdot (x + 3)] \cdot 2$ ________________

e) $(\frac{1}{3}x - \frac{1}{4}) \cdot \frac{2}{5}$ ________________

2 **Sind die folgenden Terme richtig zusammengefasst worden? Korrigiere gegebenenfalls.**

a) $(x + 5) \cdot (x - 3) = x^2 + 2x - 15$?

____

b) $3 + 2a - \frac{8a}{4} + 3 \cdot (6 + a) = 20 + 3a$?

____

3 **Ein Kleinbus kostet pro Tag 65 € Miete und je gefahrenen Kilometer 0,75 €. Stelle den entsprechenden Term auf und berechne den Preis für 5 Tage, an denen insgesamt 120 km gefahren wurden.**
Tipp: Benutze für die Tage die Variable x und für die Kilometer die Variable y.

____

____

____

4 **In einen 5 g schweren Umschlag werden Blätter gesteckt, die jeweils 4 g wiegen.**

a) Wie schwer ist ein Brief mit x Blättern? Gib den Term an.

____

b) Zu dem Umschlag und den Blättern kommen Münzen von je 21g.
Wie schwer ist ein Brief mit x Blättern und y Münzen? Gib einen Term an.

____

Marco Bettner: Terme und Gleichungen
© Persen Verlag, Buxtehude

1 **Gib den Namen des jeweiligen Terms an.**

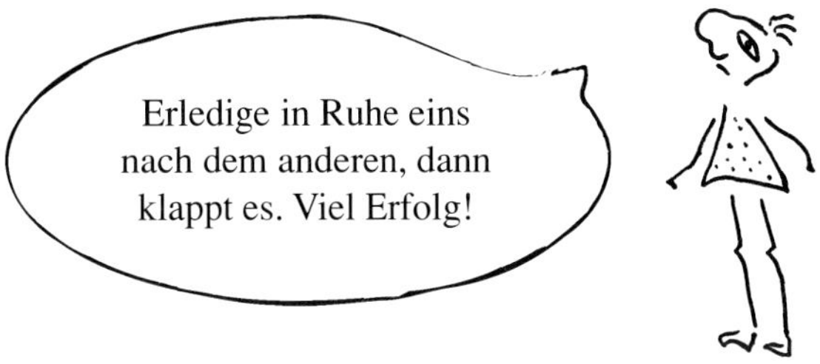

a) $3 \cdot (5 - 5) + 5$ *Summe*

b) $3 \cdot x + 2 \cdot y$ *Summe*

c) $(a + s) \cdot (d - f)$ *Produkt*

d) $18 - [4 \cdot (x + 3)] \cdot 2$ *Differenz*

e) $(\frac{1}{3}x - \frac{1}{4}) \cdot \frac{2}{5}$ *Produkt*

2 **Sind die folgenden Terme richtig zusammengefasst worden? Korrigiere gegebenenfalls.**

a) $(x + 5) \cdot (x - 3) = x^2 + 2x - 15$?

Ja.

b) $3 + 2a - \frac{8a}{4} + 3 \cdot (6 + a) = 20 + 3a$?

Nein: $3 + 2a - \frac{8a}{4} + 3 \cdot (6 + a) = 3 + 2a - 2a + 18 + 3a = 3a + 21$

3 **Ein Kleinbus kostet pro Tag 65 € Miete und je gefahrenen Kilometer 0,75 €. Stelle den entsprechenden Term auf und berechne den Preis für 5 Tage, an denen insgesamt 120 km gefahren wurden. Tipp: Benutze für die Tage die Variable x und für die Kilometer die Variable y.**

$65 \cdot x + 0{,}75 \cdot y$ *mit* $x = 5$ *Tage und* $y = 120$ *km*

$65 \cdot 5 + 0{,}75 \cdot 120 = 325 + 90 = 415$

Der Preis beträgt insgesamt 415 €.

4 **In einen 5 g schweren Umschlag werden Blätter gesteckt, die jeweils 4 g wiegen.**

a) Wie schwer ist ein Brief mit x Blättern? Gib den Term an.

$4x + 5$

b) Zu dem Umschlag und den Blättern kommen Münzen von je 21g. Wie schwer ist ein Brief mit x Blättern und y Münzen? Gib einen Term an.

$4x + 21y + 5$

INFO

Eine Gleichung besteht aus einem Gleichheitszeichen und 2 Termen, die links und rechts vom Gleichheitszeichen stehen, z. B.: 3 + 4 = 5 + 2. Dabei entstehen wahre und falsche Aussagen:

$3 + 4 = 5 + 2$ (wahr)
$7 = 7$ (wahr)
$1 + 3 = 7 + 25$ (falsch)
$4 = 32$ (falsch)

1 **Entscheide, ob die Aussage wahr oder falsch ist. Fasse erst zusammen und notiere daraufhin ein w (wie „wahr") oder f (wie „falsch") hinter der Aufgabe.**

a) $8 + 7 = 15$

____

b) $19 \cdot 2 = 38$

____

c) $9 + 3 = 4 + 8$

____

d) $9 = 18 : 3$

____

e) $108 - 2 \cdot 7 = 100 + 2$

____

____

f) $10 \cdot (18 + 3) = 240 - 58 : 2$

____

____

2 **Wer war René Descartes? Informiere dich und notiere auch, was er mit dem Thema Terme zu tun hat.**

Wie spricht man den Namen aus? ______________________

Lebensdaten: * __________ in __________, † __________ in __________

Beruf(e): ______________________

Sein Beitrag zum Thema Terme: ______________________

____

Marco Bettner: Terme und Gleichungen
© Persen Verlag, Buxtehude

Wahre und falsche Aussagen

INFO **Eine Gleichung besteht aus einem Gleichheitszeichen und 2 Termen, die links und rechts vom Gleichheitszeichen stehen, z. B.: 3 + 4 = 5 + 2. Dabei entstehen wahre und falsche Aussagen:**

$3 + 4 = 5 + 2$ (wahr)
$7 = 7$ (wahr)
$1 + 3 = 7 + 25$ (falsch)
$4 = 32$ (falsch)

1 **Entscheide, ob die Aussage wahr oder falsch ist. Fasse erst zusammen und notiere daraufhin ein w (wie „wahr") oder f (wie „falsch") hinter der Aufgabe.**

a) $8 + 7 = 15$

15 = 15 *w*

b) $19 \cdot 2 = 38$

38 = 38 *w*

c) $9 + 3 = 4 + 8$

12 = 12 *w*

d) $9 = 18 : 3$

9 = 6 *f*

e) $108 - 2 \cdot 7 = 100 + 2$

108 – 14 = 102

94 = 102 *f*

f) $10 \cdot (18 + 3) = 240 - 58 : 2$

10 · 21 = 240 – 29

210 = 211 *f*

2 **Wer war René Descartes? Informiere dich und notiere auch, was er mit dem Thema Terme zu tun hat.**

Wie spricht man den Namen aus? *dekart*

Lebensdaten: * *31. 3. 1596* in *La Haye, heute Descartes*, † *11. 2. 1650* in *Stockholm*

Beruf(e): *Philosoph, Mathematiker und Physiker*

Sein Beitrag zum Thema Terme:

Er hat als einer der ersten Mathematiker Buchstabenalgebra betrieben.

INFO

2x + 6 = 14, das heißt: Wenn man eine unbekannte Zahl (x) mit 2 multipliziert (·) und dazu 6 addiert (+), erhält man (=) 14. Wie heißt die gesuchte Zahl x?

Man kann Gleichungen manchmal durch Probieren lösen:

Wert für x	$2 \cdot x + 6 = 14$	Lösung?
2	$2 \cdot 2 + 6 = 10$	nein
3	$2 \cdot 3 + 6 = 12$	nein
4	$2 \cdot 4 + 6 = 14$	ja

Lösung: x = 4

1 **Lege für jede Aufgabe eine Tabelle im Heft an und löse sie nach obigem Schema.**

a) $8x + 7 = 39$ x = ____________

b) $16 + 3a = 43$ a = ____________

c) $12b - 4 = 56$ b = ____________

d) $\frac{30x}{5} = 60$ x = ____________

e) $4 \cdot (3 + z) = 48$ z = ____________

f) $\frac{1}{2} + s - \frac{1}{4} = 12{,}25$ s = ____________

2 **Setze den Wert für x ein und überprüfe, ob die Lösung stimmt.**

a) $3x + 7 = 40$, $x = 11$? ____________

b) $h - 13 = 138$, $h = 142$? ____________

3 **Warum könnte die Probiermethode für das Lösen von Gleichungen problematisch sein? Nenne Gründe.**

____

____

____

Marco Bettner: Terme und Gleichungen
© Persen Verlag, Buxtehude

INFO

2x + 6 = 14, das heißt: Wenn man eine unbekannte Zahl (x) mit 2 multipliziert (·) und dazu 6 addiert (+), erhält man (=) 14. Wie heißt die gesuchte Zahl x?

Man kann Gleichungen manchmal durch Probieren lösen:

Wert für x	$2 \cdot x + 6 = 14$	Lösung?
2	$2 \cdot 2 + 6 = 10$	nein
3	$2 \cdot 3 + 6 = 12$	nein
4	$2 \cdot 4 + 6 = 14$	ja

Lösung: x = 4

1 Lege für jede Aufgabe eine Tabelle im Heft an und löse sie nach obigem Schema.

a) $8x + 7 = 39$ x = *4*

b) $16 + 3a = 43$ a = *9*

c) $12b - 4 = 56$ b = *5*

d) $\frac{30x}{5} = 60$ x = *10*

e) $4 \cdot (3 + z) = 48$ z = *9*

f) $\frac{1}{2} + s - \frac{1}{4} = 12{,}25$ s = *12*

2 Setze den Wert für x ein und überprüfe, ob die Lösung stimmt.

a) $3x + 7 = 40$, $x = 11$?   *$3 \cdot 11 + 7 = 33 + 7 = 40$ Stimmt.*

b) $h - 13 = 138$, $h = 142$?   *$142 - 13 = 129 \uparrow 138$ Stimmt nicht.*

3 Warum könnte die Probiermethode für das Lösen von Gleichungen problematisch sein? Nenne Gründe.

Grund 1: Zeit (dauert zum Teil zu lange)

Grund 2: Schwierigkeiten bei Dezimalzahlen und zu großen Zahlen

© Persen Verlag, Buxtehude

INFO

$x + 3 = 5$

1 **Wie sieht es auf der Waage oben aus, nachdem die Gewichte weggenommen wurden? Ergänze die Zeichnung.**

2 **Wie heißt der mathematische Begriff für „wegnehmen"?** ______________________

3 **Betrachte die Waage von Aufgabe 1.**

a) Wie heißt die zugehörige Gleichung? Schreibe sie unter die Waage.

b) Zeichne die linke Seite der Anfangswaage oben grün und die rechte rot.

c) Zeichne die linke Seite der Ausgangsgleichung oben grün und die rechte rot.

d) Zeichne die linke Seite der Lösungswaage oben grün und die rechte rot.

e) Zeichne die linke Seite der Lösungsgleichung oben grün und die rechte rot.

Marco Bettner: Terme und Gleichungen
© Persen Verlag, Buxtehude

INFO

$x + 3 = 5$

1 **Wie sieht es auf der Waage oben aus, nachdem die Gewichte weggenommen wurden? Ergänze die Zeichnung.**

$x = 2$

2 **Wie heißt der mathematische Begriff für „wegnehmen"?** *subtrahieren (–)*

3 **Betrachte die Waage von Aufgabe 1.**

a) Wie heißt die zugehörige Gleichung? Schreibe sie unter die Waage.

b) Zeichne die linke Seite der Anfangswaage oben grün und die rechte rot.

c) Zeichne die linke Seite der Ausgangsgleichung oben grün und die rechte rot.

d) Zeichne die linke Seite der Lösungswaage oben grün und die rechte rot.

e) Zeichne die linke Seite der Lösungsgleichung oben grün und die rechte rot.

Subtraktionsregel 2 25

1 **Schreibe zu jedem Bild die passende Gleichung und bestimme den Wert für x.**

a

Gleichung: =

x =

b

Gleichung: =

= x

c

Gleichung: =

x =

2 **Zeichne Waagenbilder zu jeder Aufgabe auf die Rückseite und bestimme die Lösung.**

a $x + 2 = 7$

x =

b $r + 0 = 6$

r =

c $4 + z = 9$

z =

d $s + 3{,}5 = 4{,}5$

s =

e $\frac{1}{4} + a = 3{,}25$

a =

f $12 + 5 = a + 11$

= a

Marco Bettner: Terme und Gleichungen
© Persen Verlag, Buxtehude

1 **Schreibe zu jedem Bild die passende Gleichung und bestimme den Wert für x.**

a)

Gleichung: $x + 5 = 7$

$x = 2$

b)

Gleichung: $8 = x + 1$

$7 = x$

c)

Gleichung: $x + 6 = 9$

$x = 3$

2 **Zeichne Waagenbilder zu jeder Aufgabe auf die Rückseite und bestimme die Lösung.**

a) $x + 2 = 7$

$x = 5$

b) $r + 0 = 6$

$r = 6$

c) $4 + z = 9$

$z = 5$

d) $s + 3{,}5 = 4{,}5$

$s = 1$

e) $\frac{1}{4} + a = 3{,}25$

$a = 3$

f) $12 + 5 = a + 11$

$6 = a$

Additionsregel 26

INFO

Bei der Additionsregel wird auf beiden Seiten der Gleichung die gleiche Zahl addiert. Es wird folgende Schreibweise vereinbart:

$x - 8 = 12 \quad | + 8$

$x = 20$

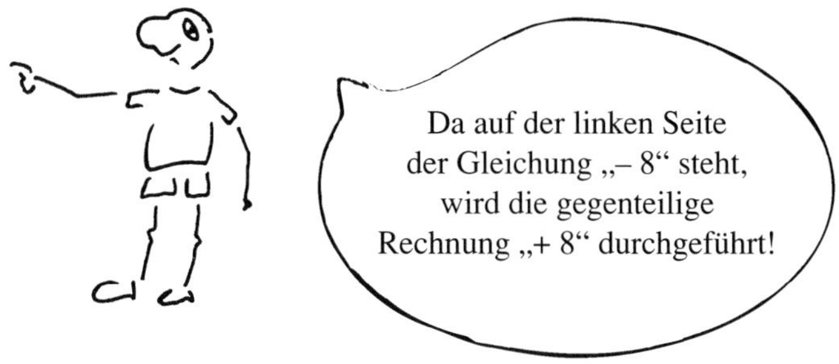

1 **Löse die Gleichung, indem du die Lücken ergänzt.**

a) $x - 4 = 12$ | ______

$x =$ ______

b) $a - 7 = 20$ | ______

$a =$ ______

c) $y - 23 = 5$ | ______

$y =$ ______

d) $m - 2{,}87 = 3{,}65$ | ______

$m =$ ______

e) $\frac{3}{4} = r - \frac{1}{2}$ | ______

______ $= r$

f) $34 = z - 85$ | ______

______ $= z$

2 **Führe zur gesamten ersten Aufgabe die Probe durch.**

a) $x = 16$ $16 - 4 = 12$ $12 = 12$ Aussage: ☒ wahr ☐ falsch Die Lösung ist ☒ richtig ☐ falsch	b) Aussage: ☐ wahr ☐ falsch Die Lösung ist ☐ richtig ☐ falsch
c) Aussage: ☐ wahr ☐ falsch Die Lösung ist ☐ richtig ☐ falsch	d) Aussage: ☐ wahr ☐ falsch Die Lösung ist ☐ richtig ☐ falsch
e) Aussage: ☐ wahr ☐ falsch Die Lösung ist ☐ richtig ☐ falsch	f) Aussage: ☐ wahr ☐ falsch Die Lösung ist ☐ richtig ☐ falsch

Marco Bettner: Terme und Gleichungen
© Persen Verlag, Buxtehude

INFO

Bei der Additionsregel wird auf beiden Seiten der Gleichung die gleiche Zahl addiert. Es wird folgende Schreibweise vereinbart:

$x - 8 = 12 \quad | + 8$
$x = 20$

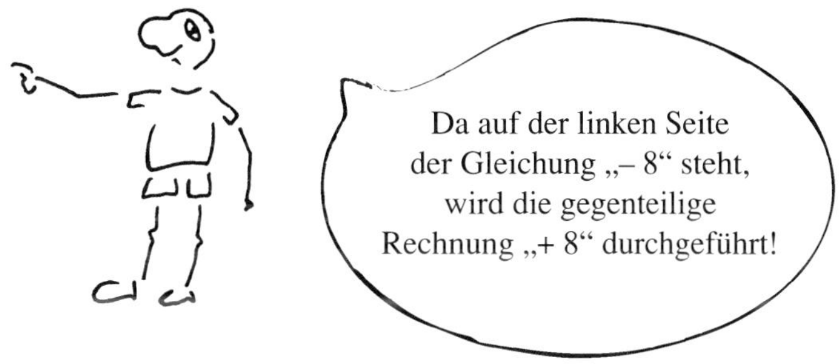

1 Löse die Gleichung, indem du die Lücken ergänzt.

a) $x - 4 = 12 \quad | + 4$
$x = 16$

b) $a - 7 = 20 \quad | + 7$
$a = 27$

c) $y - 23 = 5 \quad | + 23$
$y = 28$

d) $m - 2{,}87 = 3{,}65 \quad | + 2{,}87$
$m = 6{,}52$

e) $\frac{3}{4} = r - \frac{1}{2} \quad | + \frac{1}{2}$
$\frac{5}{4} = r$

f) $34 = z - 85 \quad | + 85$
$119 - z$

2 Führe zur gesamten ersten Aufgabe die Probe durch.

a) $x = 16$ $16 - 4 = 12$ $12 = 12$ Aussage: ☒ wahr ☐ falsch Die Lösung ist ☒ richtig ☐ falsch	b) $a = 27$ $27 - 7 = 20$ $20 = 20$ Aussage: ☒ wahr ☐ falsch Die Lösung ist ☒ richtig ☐ falsch
c) $y = 28$ $28 - 23 = 5$ $5 = 5$ Aussage: ☒ wahr ☐ falsch Die Lösung ist ☒ richtig ☐ falsch	d) $z = 119$ $34 = 119 - 85$ $34 = 34$ Aussage: ☒ wahr ☐ falsch Die Lösung ist ☒ richtig ☐ falsch
e) $r = \frac{5}{4}$ $\frac{3}{4} = \frac{5}{4} - \frac{1}{2}$ $\frac{3}{4} = \frac{3}{4}$ Aussage: ☒ wahr ☐ falsch Die Lösung ist ☒ richtig ☐ falsch	f) $m = 6{,}52$ $6{,}52 - 2{,}87 = 3{,}65$ $3{,}65 = 3{,}65$ Aussage: ☒ wahr ☐ falsch Die Lösung ist ☒ richtig ☐ falsch

© Persen Verlag, Buxtehude

1 **Beantworte folgende Fragen.**

a) Wie musst du auf beiden Seiten der Gleichung rechnen, um x allein stehen zu lassen, wenn bei der Variablen x „+ 4“ steht? __________

b) Wie musst du auf beiden Seiten der Gleichung rechnen, um x allein stehen zu lassen, wenn bei der Variablen x „– 4“ steht? __________

c) Wie heißt die gegenteilige Rechnung der Addition? __________

d) Wie heißt die gegenteilige Rechnung der Subtraktion? __________

e) Hinter welches Zeichen wird die jeweilige nächste Rechenanweisung für eine Gleichung geschrieben? __________

2 **Löse die Gleichungen nach der jeweiligen Variablen auf.**

a) $x + 14 = 37$ | __________

b) $y - 8 = 2$ | __________

c) $a + \frac{1}{4} = 22$ | __________

d) $e - 24 = 98$ | __________

e) $0 = t - 12$ | __________

f) $234{,}6 = q + 138{,}6$ | __________

3 **Beschreibe das Problem des Waagenbildes als Gleichung und löse sie. Lässt sich die Lösung als Waagenbild darstellen?**

Marco Bettner: Terme und Gleichungen
© Persen Verlag, Buxtehude

1 **Beantworte folgende Fragen.**

a) Wie musst du auf beiden Seiten der Gleichung rechnen, um x allein stehen zu lassen, wenn bei der Variablen x „+ 4" steht? *– 4*

b) Wie musst du auf beiden Seiten der Gleichung rechnen, um x allein stehen zu lassen, wenn bei der Variablen x „– 4" steht? *+ 4*

c) Wie heißt die gegenteilige Rechnung der Addition? *Subtraktion (–)*

d) Wie heißt die gegenteilige Rechnung der Subtraktion? *Addition (+)*

e) Hinter welches Zeichen wird die jeweilige nächste Rechenanweisung für eine Gleichung geschrieben? *senkrechter Strich: |*

2 **Löse die Gleichungen nach der jeweiligen Variablen auf.**

a) $x + 14 = 37 \quad | -14$
$x = 23$

b) $y - 8 = 2 \quad | +8$
$y = 10$

c) $a + \frac{1}{4} = 22 \quad | -\frac{1}{4}$
$a = 21{,}75$

d) $e - 24 = 98 \quad | +24$
$e = 122$

e) $0 = t - 12 \quad | +12$
$12 = t$

f) $234{,}6 = q + 138{,}6 \quad | -138{,}6$
$96 = q$

3 **Beschreibe das Problem des Waagenbildes als Gleichung und löse sie.**
Lässt sich die Lösung als Waagenbild darstellen?

$x + 3 = 2$

$x = -1$

Da auf der rechten Seite keine drei Gewichte entfernt werden können, ist das Ergebnis negativ.

INFO

Die Umfangsgleichung für das Quadrat lautet: U = 4a
Wie groß ist a, wenn der Umfang 28 cm beträgt?

$4a = 28 \quad | : 4$
$a = 7$

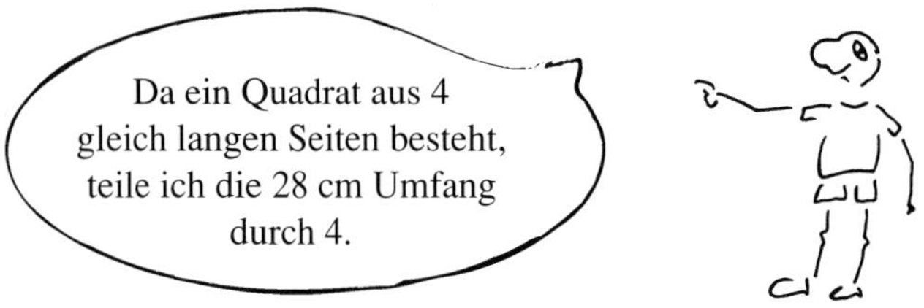

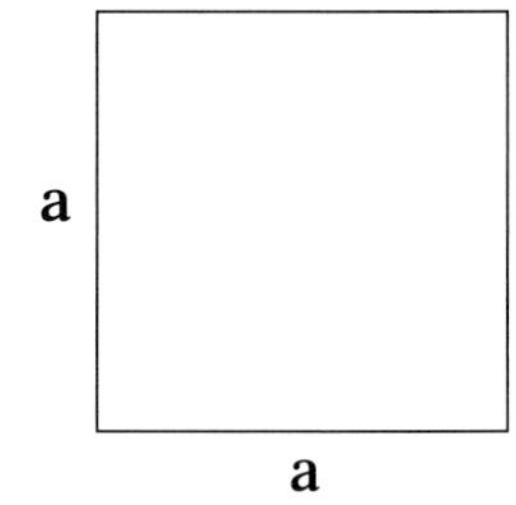

1 Führe für das Ergebnis von INFO die Probe durch.

a) Setze den errechneten Wert für a in die obige Ausgangsgleichung ein und führe die Probe durch.

b) Wie heißt die gegenteilige Rechnung der Multiplikation?

2 Löse die Gleichungen, indem du die Lücken füllst.

a) $5x = 15 \quad |$
$x =$

b) $8y = 96 \quad |$
$y =$

c) $102 = 6a \quad |$
$= a$

d) $34 = 68z \quad |$
$= z$

e) $2{,}4 = 0{,}8c \quad |$
$= c$

f) $(-3)x = 90 \quad |$
$x =$

g) $13y = -52 \quad |$
$y =$

h) $144 = 18a \quad |$
$= a$

i) $(-4)b = -64 \quad |$
$b =$

j) $-51 = 17x \quad |$
$= x$

Marco Bettner: Terme und Gleichungen
© Persen Verlag, Buxtehude

INFO

Die Umfangsgleichung für das Quadrat lautet: U = 4a
Wie groß ist a, wenn der Umfang 28 cm beträgt?

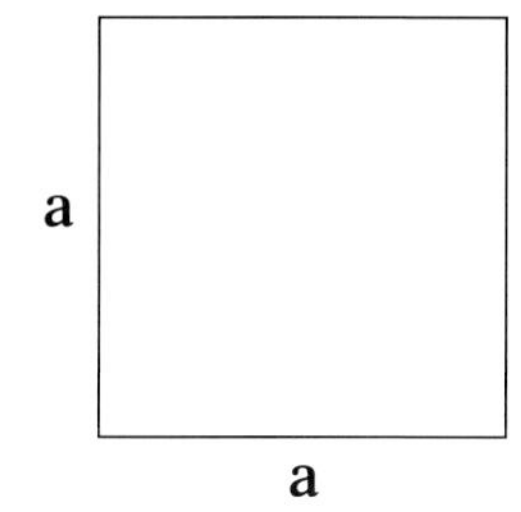

$4a = 28 \quad | : 4$
$a = 7$

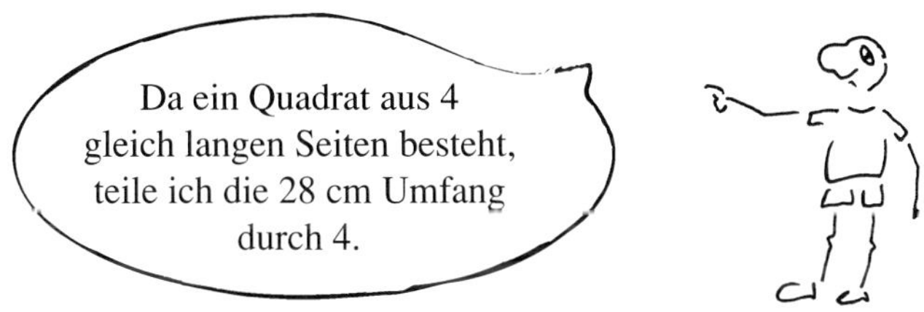

1 Führe für das Ergebnis von INFO die Probe durch.

a) Setze den errechneten Wert für a in die obige Ausgangsgleichung ein und führe die Probe durch.

4 · 7 = 28

28 = 28 Stimmt.

b) Wie heißt die gegenteilige Rechnung der Multiplikation?

Division

2 Löse die Gleichungen, indem du die lücken füllst.

a) 5x = 15 | : *5*
x = *3*

b) 8y = 96 | : *8*
y = *12*

c) 102 = 6a | : *6*
17 = a

d) 34 = 68z | : *68*
0,5 = z

e) 2,4 = 0,8c | : *0,8*
3 = c

f) (–3) x = 90 | : *(–3)*
x = *–30*

g) 13y = –52 | : *13*
y = *– 4*

h) 144 = 18a | : *18*
8 = a

i) (–4) b = –64 | : *(–4)*
b = *16*

j) –51 = 17x | : *17*
–3 = x

© Persen Verlag, Buxtehude

1

Stelle eine Gleichung auf und löse sie.

|

2 **Für die Herstellung des abgebildeten Würfels werden insgesamt 324 cm Draht benötigt.**

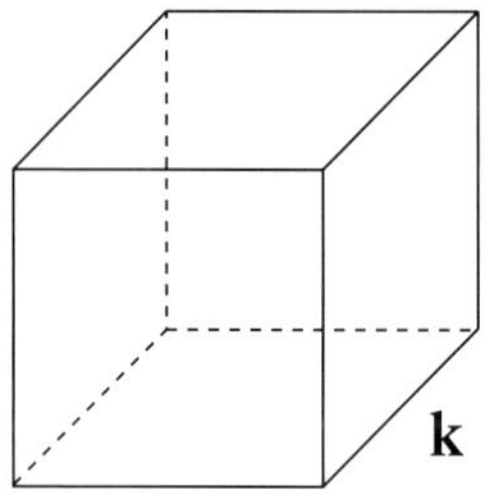

a) Stelle eine Gleichung für die Gesamtlänge (G = 324) in Abhängigkeit von der Kantenlänge (k) auf.

324 =

b) Wie lang ist eine Würfelkante? Schreibe die obige Gleichung ab und löse sie nach k auf.

|

c) Wie lang ist k, wenn die Gesamtlänge G = 156 ist?

|

3 **Löse die Gleichungen.**

a) $3x = 126$ |

b) $\frac{1}{7}y = 49$ |

c) $-x = 16$ |

d) $323 = (-17)\,x$ |

e) $315x = 21$ |

f) $-15 = (-3)\,x$ |

g) $\frac{1}{3}w = \frac{1}{2}$ |

h) $24{,}56\,n = 437{,}9048$ |

Marco Bettner: Terme und Gleichungen
© Persen Verlag, Buxtehude

1

Stelle eine Gleichung auf und löse sie.

$3x = 432$ $\quad | \cdot 3$

$x = 144$

2 **Für die Herstellung des abgebildeten Würfels werden insgesamt 324 cm Draht benötigt.**

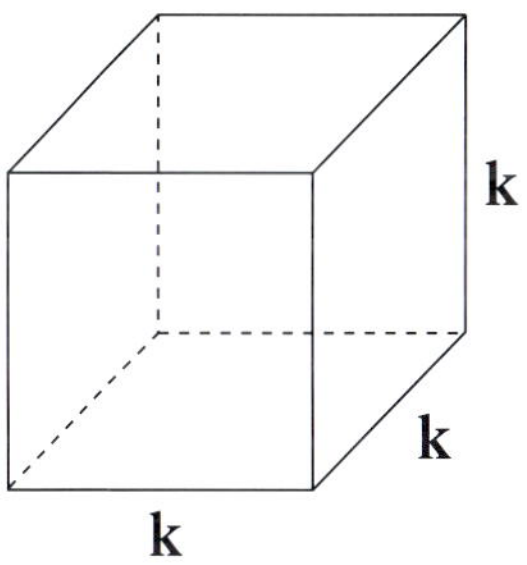

a) Stelle eine Gleichung für die Gesamtlänge (G = 324) in Abhängigkeit von der Kantenlänge (k) auf.

$324 = 12k$

b) Wie lang ist eine Würfelkante? Schreibe die obige Gleichung ab und löse sie nach k auf.

$324 = 12k$ $\quad | : 12$

$27 = k$

c) Wie lang ist k, wenn die Gesamtlänge G = 156 ist?

$156 = 12k$ $\quad | : 12$

$13 = k$

3 **Löse die Gleichungen.**

a) $3x = 126$ $\quad | : 3$

$x = 42$

b) $\frac{1}{7}y = 49$ $\quad | : \frac{1}{7}$ bzw. $\cdot 7$

$y = 343$

c) $-x = 16$ $\quad | : (-1)$

$x = -16$

d) $323 = (-17)\,x$ $\quad | : (-17)$

$-19 = x$

e) $315x = 21$ $\quad | : 315$

$x = \frac{1}{15}$

f) $-15 = (-3)\,x$ $\quad | : (-3)$

$5 = x$

g) $\frac{1}{3}w = \frac{1}{2}$ $\quad | : \frac{1}{3}$ bzw. $\cdot 3$

$w = \frac{3}{2}$

h) $24{,}56\,n = 437{,}9048$ $\quad | : 24{,}56$

$n = 17{,}83$

1 **Stelle eine Gleichung zu dem Zahlenrätsel auf und löse sie.**

Überlege dir dazu Folgendes:
- Was schreibt man für eine gesuchte Zahl?
- Was bedeutet „4. Teil“?
- Wie übersetzt man „ergibt“?

_______________ | _______________

____

2 **Löse die Gleichungen.**

a) $\frac{x}{4} = 10$ | _______________

____

b) $\frac{a}{2} = 44$ | _______________

____

c) $30 = \frac{z}{7}$ | _______________

____

d) $100 = u : 5$ | _______________

____

e) $0 = \frac{c}{14}$ | _______________

____

f) $\frac{x}{(-4)} = 50$ | _______________

____

3 **Denk dir zwei Zahlenrätsel aus, die sich mit der Multiplikationsregel lösen lassen.**

Marco Bettner: Terme und Gleichungen
© Persen Verlag, Buxtehude

1 **Stelle eine Gleichung zu dem Zahlenrätsel auf und löse sie.**

Überlege dir dazu Folgendes:
- Was schreibt man für eine gesuchte Zahl?
- Was bedeutet „4. Teil"?
- Wie übersetzt man „ergibt"?

$\frac{x}{4} = 36 \quad | \cdot 4$

$x = 144$

2 **Löse die Gleichungen.**

a) $\frac{x}{4} = 10 \quad | \cdot 4$

$x = 40$

b) $\frac{a}{2} = 44 \quad | \cdot 2$

$a = 88$

c) $30 = \frac{z}{7} \quad | \cdot 7$

$210 = z$

d) $100 = u : 5 \quad | \cdot 5$

$500 = u$

e) $0 = \frac{c}{14} \quad | \cdot 14$

$0 = c$

f) $\frac{x}{(-4)} = 50 \quad | \cdot (-4)$

$x = -200$

3 **Denk dir zwei Zahlenrätsel aus, die sich mit der Multiplikationsregel lösen lassen.**

Zwei der unendlich vielen Möglichkeiten :

1 **Für die Stromspannung im rechts dargestellten Bild gilt das Ohmsche Gesetz $I = \frac{U}{R}$. Dabei ist I die Stromstärke, U die Stromspannung und R der Widerstand.**

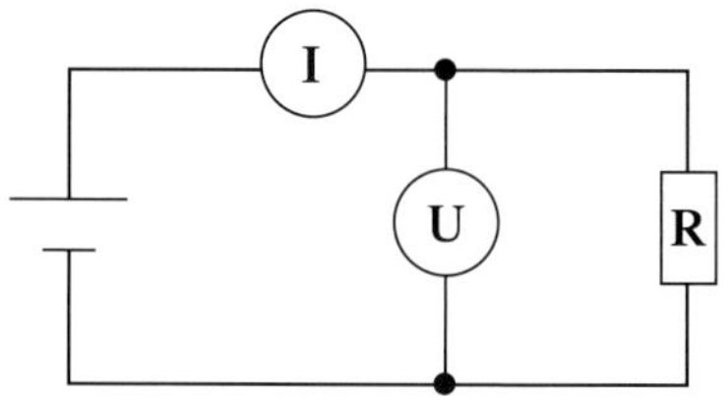

Setze in der obigen Gleichung I = 0,08 und R = 100 ein und löse sie dann nach der Spannung U auf.

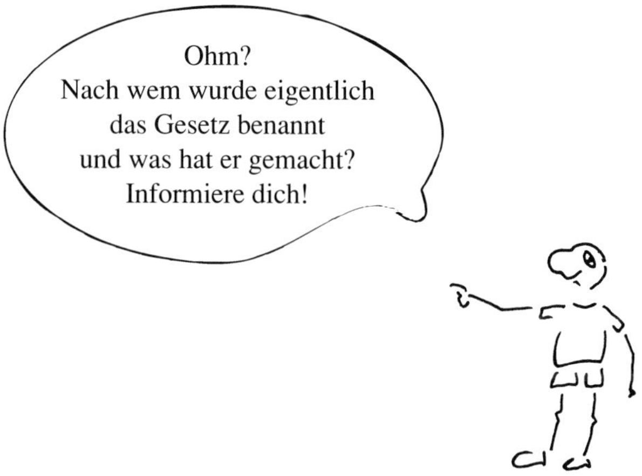

2 **Löse die Gleichungen.**

a) $\frac{f}{18} = 5$

b) $\frac{z}{8} = \frac{1}{2}$

c) $14 = \frac{x}{(-5)}$

d) $\frac{u}{3} = 27$

e) $\frac{y}{(-3)} = -7$

f) $\frac{a}{8} = 0$

3 **Stelle eine Gleichung auf und löse sie entsprechend.**

Marco Bettner: Terme und Gleichungen
© Persen Verlag, Buxtehude

1 **Für die Stromspannung im rechts dargestellten Bild gilt das Ohmsche Gesetz $I = \frac{U}{R}$. Dabei ist I die Stromstärke, U die Stromspannung und R der Widerstand.**

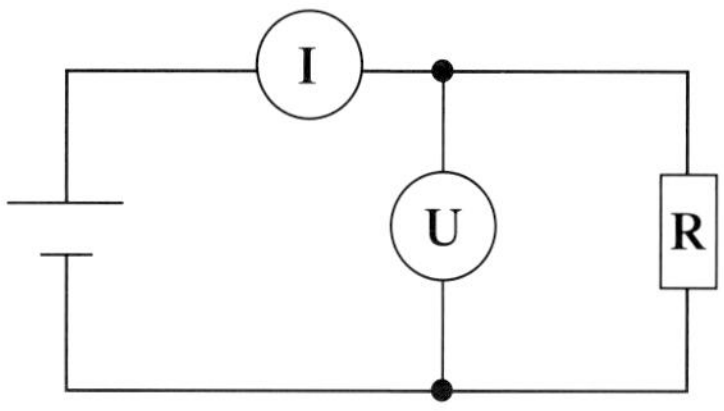

Setze in der obigen Gleichung I = 0,08 und R = 100 ein und löse sie dann nach der Spannung U auf.

$0{,}08 = \frac{U}{100}$ | $\cdot\ 100$

$8 = U$

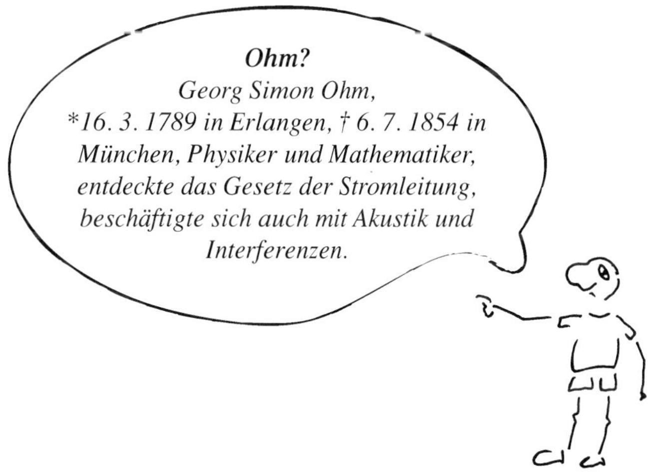

2 **Löse die Gleichungen.**

a) $\frac{f}{18} = 5$ | $\cdot\ 18$

$f = 90$

b) $\frac{z}{8} = \frac{1}{2}$ | $\cdot\ 8$

$z = 4$

c) $14 = \frac{x}{(-5)}$ | $\cdot\ (-5)$

$-70 = x$

d) $\frac{u}{3} = 27$ | $\cdot\ 3$

$u = 81$

e) $\frac{y}{(-3)} = -7$ | $\cdot\ (-3)$

$y = 21$

f) $\frac{a}{8} = 0$ | $\cdot\ 8$

$a = 0$

3 **Stelle eine Gleichung auf und löse sie entsprechend.**

$\frac{x}{7} = 238$ | $\cdot\ 7$

$x = 1.666$

© Persen Verlag, Buxtehude

1 **Notiere die passende Gleichung und löse sie schrittweise auf.**

|
|

2 **Setze den Wert für x in die Ausgangsgleichung von Aufgabe 1 ein und kontrolliere dein Ergebnis.**

3 **Löse die Gleichungen. Kontrolliere auch hier dein Ergebnis durch Einsetzen in die Ursprungsgleichung.**

a) $2a + 1 = 39$ |
|

Kontrolle:

b) $28 = 5d - 7$ |
|

Kontrolle:

c) $2 + \frac{z}{2} = 10$ |
|

Kontrolle:

d) $14x - 20 = 134$ |
|

Kontrolle:

Marco Bettner: Terme und Gleichungen
© Persen Verlag, Buxtehude

1 **Notiere die passende Gleichung und löse sie schrittweise auf.**

$3x + 2 = 5$ | -2

$3x = 3$ | $:3$

$x = 1$

2 **Setze den Wert für x in die Ausgangsgleichung von Aufgabe 1 ein und kontrolliere dein Ergebnis.**

$3 \cdot 1 + 2 = 5$

$3 + 2 = 5$

$5 = 5$ *Stimmt.*

3 **Löse die Gleichungen.**
Kontrolliere auch hier dein Ergebnis durch Einsetzen in die Ursprungsgleichung.

a) $2a + 1 = 39$ | -1

$2a = 38$ | $:2$

$a = 19$

Kontrolle: $2 \cdot 19 + 1 = 39$

$38 + 1 = 39$ *Stimmt.*

b) $28 = 5d - 7$ | $+7$

$35 = 5d$ | $:5$

$7 = d$

Kontrolle: $28 = 5 \cdot 7 - 7$

$28 = 35 - 7$ *Stimmt.*

c) $2 + \frac{z}{2} = 10$ | -2

$\frac{z}{2} = 8$ | $\cdot 2$

$z = 16$

Kontrolle: $2 + \frac{16}{2} = 10$

$2 + 8 = 10$ *Stimmt.*

d) $14x - 20 = 134$ | $+20$

$14x = 154$ | $:14$

$x = 11$

Kontrolle: $14 \cdot 11 - 20 = 134$

$154 - 20 = 134$ *Stimmt.*

© Persen Verlag, Buxtehude

1 **Notiere die passende Gleichung und löse sie schrittweise auf.**

________________________________ |
________________________________ |
____

2 **Setze den Wert für x in die Ausgangsgleichung von Aufgabe 1 ein und kontrolliere dein Ergebnis.**

____
____
____

3 **Löse die Gleichung, indem du die Lücken füllst. Kontrolliere auch hier dein Ergebnis durch Einsetzen in die Ursprungsgleichung.**

a) $5 + 7a = 41 + 4a$ | ________
________ |
________ |
a = ________

Kontrolle: ________
____

b) $6m - 12 = 8 + 5m$ | ________
________ |
m = ________

Kontrolle: ________
____

c) $3s - 4 = 2s - 1$ | ________
________ |
s = ________

Kontrolle: ________
____

d) $3{,}5y - 2{,}4 = 2{,}5y + 6{,}4$ | ________
________ |
y = ________

Kontrolle: ________
____

Marco Bettner: Terme und Gleichungen
© Persen Verlag, Buxtehude

1 **Notiere die passende Gleichung und löse sie schrittweise auf.**

$4x + 2 = 3x + 9 \quad | -3x$

$x + 2 = 9 \quad | -2$

$x = 7$

2 **Setze den Wert für x in die Ausgangsgleichung von Aufgabe 1 ein und kontrolliere dein Ergebnis.**

$4 \cdot 7 + 2 = 3 \cdot 7 + 9$

$28 + 2 = 21 + 9$

$30 = 30$ *Stimmt.*

3 **Löse die Gleichung, indem du die Lücken füllst.**
Kontrolliere auch hier dein Ergebnis durch Einsetzen in die Ursprungsgleichung.

a) $5 + 7a = 41 + 4a \quad | -4a$

$5 + 3a = 41 \quad | -5$

$3a = 36 \quad | :3$

$a = 12$

Kontrolle: $5 + 7 \cdot 12 = 41 + 4 \cdot 12$

$5 + 84 = 41 + 48 = 89$

b) $6m - 12 = 8 + 5m \quad | -5m$

$m - 12 = 8 \quad | +12$

$m = 20$

Kontrolle: $6 \cdot 20 - 12 = 8 + 5 \cdot 20$

$120 - 12 = 8 + 100 = 108$

c) $3s - 4 = 2s - 1 \quad | -2s$

$s - 4 = -1 \quad | +4$

$s = 3$

Kontrolle: $3 \cdot 3 - 4 = 2 \cdot 3 - 1$

$9 - 4 = 6 - 1 = 5$

d) $3{,}5y - 2{,}4 = 2{,}5y + 6{,}4 \quad | -2{,}5y$

$y - 2{,}4 = 6{,}4 \quad | +2{,}4$

$y = 8{,}8$

Kontrolle: $3{,}5 \cdot 8{,}8 - 2{,}4 = 2{,}5 \cdot 8{,}8 + 6{,}4$

$30{,}8 - 2{,}4 = 22 + 6{,}4 = 28{,}4$

© Persen Verlag, Buxtehude

INFO

So werden Klammern in Gleichungen ausmultipliziert:

$$3 \cdot (y + 2) = 18 \quad | \text{AM}$$
$$3y + 6 = 18 \quad | -6$$
$$3y = 12 \quad | :3$$
$$y = 4$$

1 **Führe für obige Aufgabe die Probe durch.**

____

____

2 **Löse die Gleichungen.**
Denke an die Kontrollrechnung durch Einsetzen in die Ausgangsgleichung!

a) $4 \cdot (x + 3) = 16$ | ______

______ |

______ |

______

Kontrolle: ______

______

b) $24 = (x + 2) \cdot 3$ | ______

______ |

______ |

______

Kontrolle: ______

______

c) $44 = (3f + 2) \cdot 4$ | ______

______ |

______ |

______

Kontrolle: ______

______

d) $(-3) \cdot (5 - 2a) = 33$ | ______

______ |

______ |

______

Kontrolle: ______

______

Marco Bettner: Terme und Gleichungen
© Persen Verlag, Buxtehude

INFO

So werden Klammern in Gleichungen ausmultipliziert:

$3 \cdot (y + 2) = 18 \quad | \text{ AM}$

$3y + 6 = 18 \quad | -6$

$3y = 12 \quad | :3$

$y = 4$

1 **Führe für obige Aufgabe die Probe durch.**

$3 \cdot (4 + 2) = 18$

$3 \cdot 6 = 18$ *Stimmt.*

2 **Löse die Gleichungen.**
Denke an die Kontrollrechnung durch Einsetzen in die Ausgangsgleichung!

a) $4 \cdot (x + 3) = 16 \quad | \text{ AM}$

$4x + 12 = 16 \quad | -12$

$4x = 4 \quad | :4$

$x = 1$

Kontrolle: $4 \cdot (1 + 3) = 16$

$4 \cdot 4 = 16$ *Stimmt.*

b) $24 = (x + 2) \cdot 3 \quad | \text{ AM}$

$24 = 3x + 6 \quad | -6$

$18 = 3x \quad | :3$

$6 = x$

Kontrolle: $24 = (6 + 2) \cdot 3$

$24 = 8 \cdot 3$ *Stimmt.*

c) $44 = (3f + 2) \cdot 4 \quad | \text{ AM}$

$44 = 12f + 8 \quad | -8$

$36 = 12f \quad | :12$

$3 = f$

Kontrolle: $44 = (3 \cdot 3 + 2) \cdot 4$

$44 = 11 \cdot 4$ *Stimmt.*

d) $(-3) \cdot (5 - 2a) = 33 \quad | \text{ AM}$

$-15 + 6a = 33 \quad | +15$

$6a = 48 \quad | :6$

$a = 8$

Kontrolle: $(-3) \cdot (5 - 2 \cdot 8) = 33$

$(-3) \cdot (-11) = 33$ *Stimmt.*

© Persen Verlag, Buxtehude

INFO

Vor dem Umformen wird auf jeder Seite der Gleichung zusammengefasst:

$$3x + 1 + 2x + 3 = x + 4 + 3x + 2 \quad | Z$$
$$5x + 4 = 4x + 6$$

1 **Betrachte die Gleichung in INFO.**

a) Was bedeutet die Abkürzung „Z" in der Rechenanweisung? ____________________

b) Löse die Gleichung von oben weiter nach x auf.

$5x + 4 = 4x + 6$ | ______

______ | ______

______

c) Kontrolliere dein Ergebnis, indem du den errechneten Wert für x in die obige Ausgangsgleichung von INFO einsetzt.

______ | ______

______ | ______

______

2 **Löse die Gleichungen.**

a) $6x + 4 - 2x = x + 7$ | ______

______ | ______

______ | ______

______ | ______

______

b) $3z = 17 + 7$ | ______

______ | ______

______

c) $5 \cdot (x + 2) = 5$ | ______

______ | ______

______

Marco Bettner: Terme und Gleichungen
© Persen Verlag, Buxtehude

INFO

Vor dem Umformen wird auf jeder Seite der Gleichung zusammengefasst:

$3x + 1 + 2x + 3 = x + 4 + 3x + 2$ | Z
$5x + 4 = 4x + 6$

1 **Betrachte die Gleichung in INFO.**

a) Was bedeutet die Abkürzung „Z" in der Rechenanweisung? *Zusammenfassen*

b) Löse die Gleichung von oben weiter nach x auf.

$5x + 4 = 4x + 6$ | $-4x$
$x + 4 = 6$ | -4
$x = 2$

c) Kontrolliere dein Ergebnis, indem du den errechneten Wert für x in die obige Ausgangsgleichung von INFO einsetzt.

$3 \cdot 2 + 1 + 2 \cdot 2 + 3 = 2 + 4 + 3 \cdot 2 + 2$ | Z
$6 + 1 + 4 + 3 = 2 + 4 + 6 + 2$ | Z
$14 = 14$ *Stimmt.*

2 **Löse die Gleichungen.**

a) $6x + 4 - 2x = x + 7$ | Z
$4x + 4 = x + 7$ | $-x$
$3x + 4 = 7$ | -4
$3x = 3$ | $:3$
$x = 1$

b) $3z = 17 + 7$ | Z
$3z = 24$ | $:3$
$z = 8$

c) $5 \cdot (x + 2) = 5$ | $:5$
$x + 2 = 1$ | -2
$x = -1$

1 Löse die Gleichungen.
Kontrolliere dein Ergebnis jeweils durch Einsetzen in die Ausgangsgleichung.

a) $3a + 4a + 6 - 2 = 2a + 12 - 2 + 2a \quad |$

b) $4m + 2 - \frac{6m}{3} = 7 + 3 \quad |$

c) $\frac{260s}{13} - \frac{72s}{9} - 11 = 8s + 3 - \frac{12s}{4} \quad |$

d) $5 \cdot (x + 3) = 2 + 3 \quad |$

e) $2 \cdot (5y - 4) = 3 \cdot (y + 2) \quad |$

f) $6 \cdot (1 - 3a) + 7 \cdot (4a - 3) = 35 \quad |$

2 Hier ist hartnäckiges Suchen gefragt: Wer ist Mohammed Ibn Musa Al Chwarismi?
Informiere dich und notiere die wichtigsten Ergebnisse deiner Nachforschungen.

Marco Bettner: Terme und Gleichungen
© Persen Verlag, Buxtehude

1 **Löse die Gleichungen.**
Kontrolliere dein Ergebnis jeweils durch Einsetzen in die Ausgangsgleichung.

a) $3a + 4a + 6 - 2 = 2a + 12 - 2 + 2a \quad | Z$
$7a + 4 = 4a + 10 \quad | -4a$
$3a + 4 = 10 \quad | -4$
$3a = 6 \quad | :3$
$a = 2$

b) $4m + 2 - \frac{6m}{3} = 7 + 3 \quad | Z$
$4m + 2 - 2m = 10 \quad | Z$
$2m + 2 = 10 \quad | -2$
$2m = 8 \quad | :2$
$m = 4$

c) $\frac{260s}{13} - \frac{72s}{9} - 11 = 8s + 3 - \frac{12s}{4} \quad | Z$
$20s - 8s - 11 = 8s + 3 - 3s \quad | Z$
$12s - 11 = 5s + 3 \quad | -5s$
$7s - 11 = 3 \quad | +11$
$7s = 14 \quad | :7$
$s = 2$

d) $5 \cdot (x + 3) = 2 + 3 \quad | Z$
$5 \cdot (x + 3) = 5 \quad | AM$
$5x + 15 = 5 \quad | -15$
$5x = -10 \quad | :5$
$x = -2$

e) $2 \cdot (5y - 4) = 3 \cdot (y + 2) \quad | AM$
$10y - 8 = 3y + 6 \quad | -3y$
$7y - 8 = 6 \quad | +8$
$7y = 14 \quad | :7$
$y = 2$

f) $6 \cdot (1 - 3a) + 7 \cdot (4a - 3) = 35 \quad | AM$
$6 - 18a + 28a - 21 = 35 \quad | Z$
$10a - 15 = 35 \quad | +15$
$10a = 50 \quad | :10$
$a = 5$

2 **Hier ist hartnäckiges Suchen gefragt: Wer ist Mohammed Ibn Musa Al Chwarismi?**
Informiere dich und notiere die wichtigsten Ergebnisse deiner Nachforschungen.

** ca. 780, † zwischen 835 und 850. Al Chwarismi war ein arabischer Mathematiker, aus dessen Name sich der Begriff „Algorithmus“ ableitet und dessen Lehrbuch „Al-Gabr“ über Lösungsverfahren mathematischer Gleichungen Anlass zur heutigen Bezeichnung „Algebra“ gab. Um 820 stellte er die Rechenweise der Inder mit ihren dezimalen Rechenverfahren und den Vorgängern unserer heutigen Ziffern systematisch dar.*

© Persen Verlag, Buxtehude

INFO

So multiplizierst du ein Produkt von Klammern aus:

$(x + 2) \cdot (x + 3) = x^2 + 12 \quad | \text{ AM}$

$x^2 + 3x + 2x + 6 = x^2 + 12 \quad | \text{ Z}$

$x^2 + 5x + 6 = x^2 + 12 \quad | -x^2$

$5x + 6 = 12$

1 **Löse die Gleichung von oben weiter nach x auf.**

$5x + 6 = 12 \quad |$ ______

______ |

______

Kontrolliere dein Ergebnis durch Einsetzen in die Ausgangsgleichung von INFO.

______

______

______

2 **Löse die Gleichungen.**

a) $(x + 3) \cdot (x + 4) = x^2 + 33 \quad |$ ______

______ |

______ |

______ |

______ |

x = ______

b) $(y - 2) \cdot (y + 4) = y^2 + 2 \quad |$ ______

______ |

______ |

______ |

______ |

y = ______

3 **Arbeite im Heft. Löse die Gleichungen.**

a) $(7 + x) \cdot (x - 5) = x^2 + 7$ ______

b) $(x - 3) \cdot (x - 4) = x^2 + 5x$ ______

c) $(x + 3) \cdot (-6 + x) = x^2 - 6$ ______

d) $(15 + x - 7)(x + 4) = x^2 + 50$ ______

Marco Bettner: Terme und Gleichungen
© Persen Verlag, Buxtehude

INFO

So multiplizierst du ein Produkt von Klammern aus:

$(x + 2) \cdot (x + 3) = x^2 + 12 \quad | \text{ AM}$

$x^2 + 3x + 2x + 6 = x^2 + 12 \quad | \text{ Z}$

$x^2 + 5x + 6 = x^2 + 12 \quad | -x^2$

$5x + 6 = 12$

1 **Löse die Gleichung von oben weiter nach x auf.**

$5x + 6 = 12 \quad | -6$

$5x = 6 \quad | :5$

$x = 1{,}2$

Kontrolliere dein Ergebnis durch Einsetzen in die Ausgangsgleichung von INFO.

$(1{,}2 + 2) \cdot (1{,}2 + 3) = 1{,}2^2 + 12$

$3{,}2 \cdot 4{,}2 = 1{,}44 + 12$

$13{,}44 = 13{,}44$ *Stimmt.*

2 **Löse die Gleichungen.**

a) $(x + 3) \cdot (x + 4) = x^2 + 33 \quad | \text{ AM}$

$x^2 + 4x + 3x + 12 = x^2 + 33 \quad | \text{ Z}$

$x^2 + 7x + 12 = x^2 + 33 \quad | -x^2$

$7x + 12 = 33 \quad | -12$

$7x = 21 \quad | :7$

$x = 3$

b) $(y - 2) \cdot (y + 4) = y^2 + 2 \quad | \text{ AM}$

$y^2 + 4y - 2y - 8 = y^2 + 2 \quad | \text{ Z}$

$y^2 + 2y - 8 = y^2 + 2 \quad | -y^2$

$2y - 8 = 2 \quad | +8$

$2y = 10 \quad | :2$

$y = 5$

3 **Arbeite im Heft. Löse die Gleichungen.**

a) $(7 + x) \cdot (x - 5) = x^2 + 7$ $x = 21$

b) $(x - 3) \cdot (x - 4) = x^2 + 5x$ $x = 1$

c) $(x + 3) \cdot (-6 + x) = x^2 - 6$ $x = -4$

d) $(15 + x - 7)(x + 4) = x^2 + 50$ $x = 1{,}5$

© Persen Verlag, Buxtehude

INFO

1 **Bringe folgende Sätze, bei denen es um die einzelnen Schritte beim Lösen von Zahlenrätseln geht, in die richtige Reihenfolge.**

Stelle eine Gleichung auf.	Setze x (oder y oder z) für die gesuchte Zahl ein.
Löse die Gleichung.	Lies die Aufgabe genau durch.

1. ____________________
2. ____________________
3. ____________________
4. ____________________

2 **Ich denk mir eine Zahl. – Wie heißt sie? Stelle Gleichungen auf und bestimme die gesuchten Zahlen.**

a) Das Elffache meiner Zahl ist 132.

____________ | ____________

____

b) Die Summe aus 18 und meiner gesuchten Zahl ist 47.

____________ | ____________

____

c) Das Doppelte meiner Zahl ist 94.

____________ | ____________

____

Marco Bettner: Terme und Gleichungen
© Persen Verlag, Buxtehude

INFO

1 **Bringe folgende Sätze, bei denen es um die einzelnen Schritte beim Lösen von Zahlenrätseln geht, in die richtige Reihenfolge.**

Stelle eine Gleichung auf.	Setze x (oder y oder z) für die gesuchte Zahl ein.
Löse die Gleichung.	Lies die Aufgabe genau durch.

1. Lies die Aufgabe genau durch.
2. Setze x (oder y oder z) für die gesuchte Zahl ein.
3. Stelle eine Gleichung auf.
4. Löse die Gleichung.

2 **Ich denk mir eine Zahl. – Wie heißt sie? Stelle Gleichungen auf und bestimme die gesuchten Zahlen.**

a) Das Elffache meiner Zahl ist 132.

$11 \cdot x = 132 \quad | : 11$

$x = 12$

b) Die Summe aus 18 und meiner gesuchten Zahl ist 47.

$x + 18 = 47 \quad | - 18$

$x = 29$

c) Das Doppelte meiner Zahl ist 94.

$2 \cdot x = 94 \quad | : 2$

$x = 47$

© Persen Verlag, Buxtehude

INFO

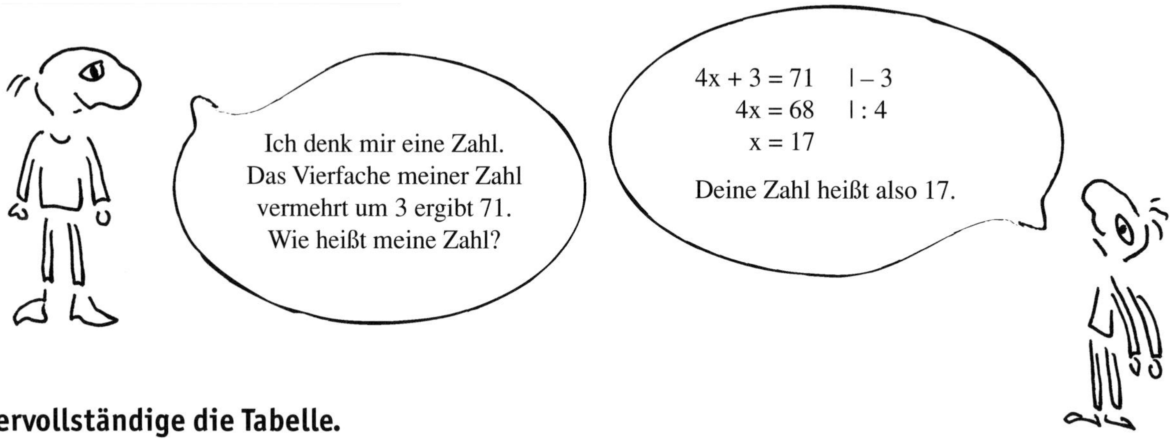

1 Vervollständige die Tabelle.

Bezeichnung	Mathematisches Zeichen / Term
hinzufügen	+
wegnehmen	
dazuzählen	
Produkt	
4. Teil	
ergibt	

Bezeichnung	Mathematisches Zeichen / Term
verdoppeln	
halbieren	
Quotient aus 24 und 6	
ein Sechstel	
Differenz aus 28 und 5	
das Vierfache	

2 Ich denk mir eine Zahl. – Wie heißt sie?
Stelle Gleichungen auf und bestimme die gesuchten Zahlen.

a) Das Produkt aus 5 und meiner Zahl vermehrt um 3 ergibt 103.

_______________ |
_______________ |
____

b) Die Hälfte meiner Zahl vermindert um 3 ergibt 21.

_______________ |
_______________ |
____

c) Wenn man diese Zahl um 3 vermehrt und das Ergebnis mit 5 multipliziert, erhält man 210.

_______________ |
_______________ |
____

d) Der Quotient aus meiner Zahl und 16 ergibt 8.

_______________ |
____

Marco Bettner: Terme und Gleichungen
© Persen Verlag, Buxtehude

INFO

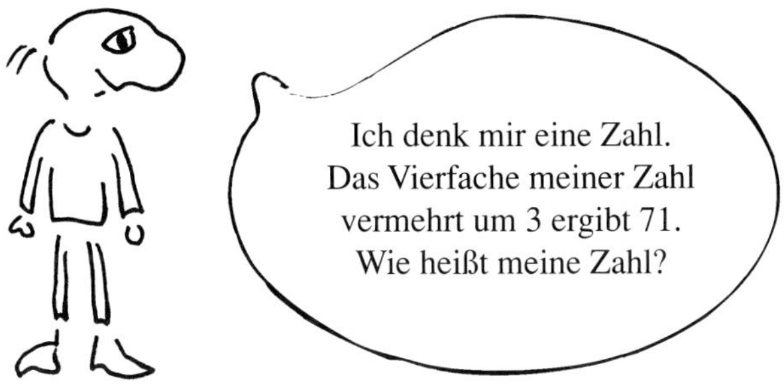

1 **Vervollständige die Tabelle.**

Bezeichnung	Mathematisches Zeichen / Term
hinzufügen	+
wegnehmen	–
dazuzählen	+
Produkt	·
4. Teil	*: 4*
ergibt	=

Bezeichnung	Mathematisches Zeichen / Term
verdoppeln	$\cdot 2$
halbieren	$: 2$
Quotient aus 24 und 6	$24 : 6$
ein Sechstel	$\frac{1}{6}$
Differenz aus 28 und 5	$28 - 5$
das Vierfache	$\cdot 4$

2 **Ich denk mir eine Zahl. – Wie heißt sie?**
Stelle Gleichungen auf und bestimme die gesuchten Zahlen.

a) Das Produkt aus 5 und meiner Zahl vermehrt um 3 ergibt 103.

$5x + 3 = 103 \quad | -3$

$5x = 100 \quad | :5$

$x = 20$

b) Die Hälfte meiner Zahl vermindert um 3 ergibt 21.

$\frac{x}{2} - 3 = 21 \quad | +3$

$\frac{x}{2} = 24 \quad | \cdot 2$

$x = 48$

c) Wenn man diese Zahl um 3 vermehrt und das Ergebnis mit 5 multipliziert, erhält man 210.

$(x + 3) \cdot 5 = 210 \quad | :5$

$x + 3 = 42 \quad | -3$

$x = 39$

d) Der Quotient aus meiner Zahl und 16 ergibt 8.

$x : 16 = 8 \quad | \cdot 16$

$x = 128$

Gleichungen und Geometrie 1 40

INFO

1 **Ein Dreieck ist 23 cm hoch. Der Flächeninhalt beträgt 494,5 cm^2.**
Stelle eine Gleichung auf und bestimme die Länge der Grundseite g.

_____________ | _____________

_____________ | _____________

____

2 **Betrachte das Rechteck mit den Seiten a und b.**

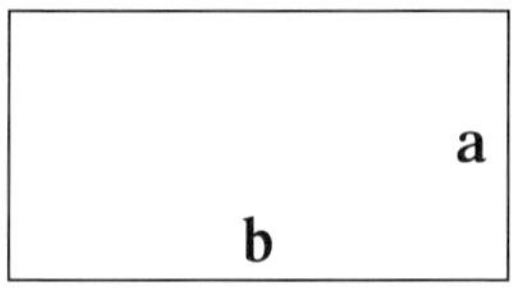

a) Wie heißt die Umfangsformel U für das Rechteck?

____

b) Der Umfang eines Rechtecks beträgt 38 cm, die Seite a ist 7 cm lang.
Stelle eine Gleichung auf und bestimme die Länge der Seite b.

_____________ | _____________

_____________ | _____________

_____________ | _____________

____

c) Arbeite im Heft. Bestimme die Länge der Seite a,
wenn der Umfang des Rechtecks 39 cm beträgt und b 6,5 cm lang ist.

Marco Bettner: Terme und Gleichungen
© Persen Verlag, Buxtehude

INFO

1 **Ein Dreieck ist 23 cm hoch. Der Flächeninhalt beträgt 494,5 cm². Stelle eine Gleichung auf und bestimme die Länge der Grundseite g.**

$494{,}5 = \frac{23 \cdot g}{2}$ | · 2

$989 = 23g$ | : 23

$43 = g$

2 **Betrachte das Rechteck mit den Seiten a und b.**

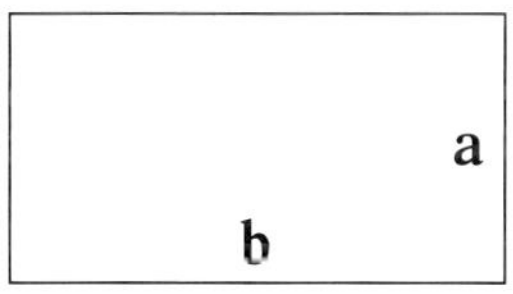

a) Wie heißt die Umfangsformel U für das Rechteck?

$U = 2a + 2b$ bzw. $U = 2(a + b)$

b) Der Umfang eines Rechtecks beträgt 38 cm, die Seite a ist 7 cm lang. Stelle eine Gleichung auf und bestimme die Länge der Seite b.

$38 = 2 \cdot 7 + 2b$ | Z

$38 = 14 + 2b$ | – 14

$24 = 2b$ | : 2

$12 = b$

c) Arbeite im Heft. Bestimme die Länge der Seite a, wenn der Umfang des Rechtecks 39 cm beträgt und b 6,5 cm lang ist.

$39 = 2a + 2 \cdot 6{,}5$

$a = 13$

Marco Bettner: Terme und Gleichungen
© Persen Verlag, Buxtehude

1 **Der Flächeninhalt A_T eines Trapezes beträgt 18 cm². Die Seite c ist 5 cm lang, die Seite a beträgt 7 cm. Stelle eine Gleichung auf und bestimme die Höhe h.**

Die Flächeninhaltsformel für ein Trapez lautet übrigens:

$A_T = (a + c) \cdot h : 2$

$A_T = \frac{(a + c)}{2} \cdot h$

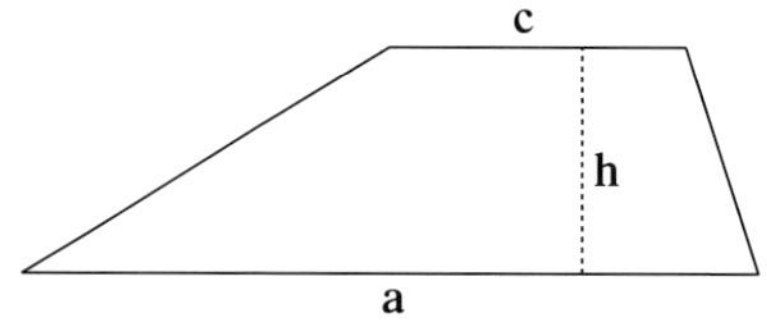

2 **Betrachte den Quader Q mit den Seiten a, b und c.**

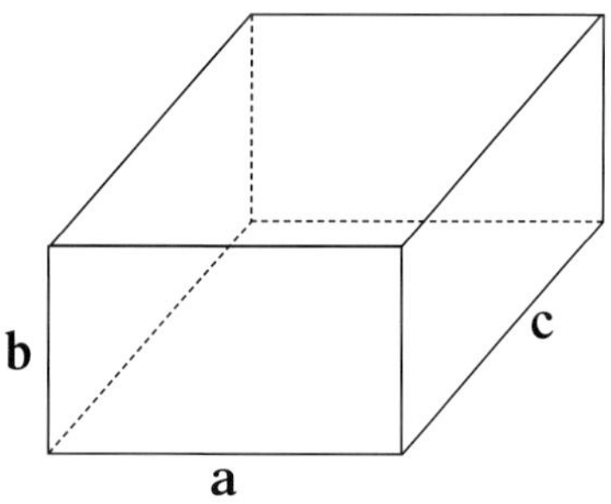

a) Wie heißt die Volumenformel V_Q für diesen Quader?

$V_Q =$

b) Das Volumen eines Quaders fasst 3.094 cm².
Die Seiten a und b sind 13 cm und 14 cm lang.
Stelle eine Gleichung auf und bestimme die Seitenlänge c.

c) Bei einem anderen Quader beträgt das Volumen 935 cm².
Seite a ist 17 cm lang, Seite c 11 cm. Stelle eine Gleichung auf und bestimme die Seitenlänge b.

Marco Bettner: Terme und Gleichungen
© Persen Verlag, Buxtehude

1 **Der Flächeninhalt A_T eines Trapezes beträgt 18 cm². Die Seite c ist 5 cm lang, die Seite a beträgt 7 cm. Stelle eine Gleichung auf und bestimme die Höhe h.**

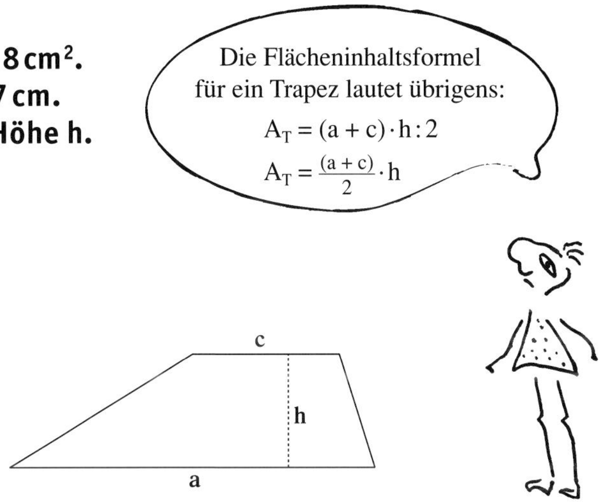

$18 = (7 + 5) \cdot h : 2 \quad | \cdot 2$

$36 = (7 + 5) \cdot h \quad | Z$

$36 = 12 \cdot h \quad | :12$

$3 = h$

2 **Betrachte den Quader Q mit den Seiten a, b und c.**

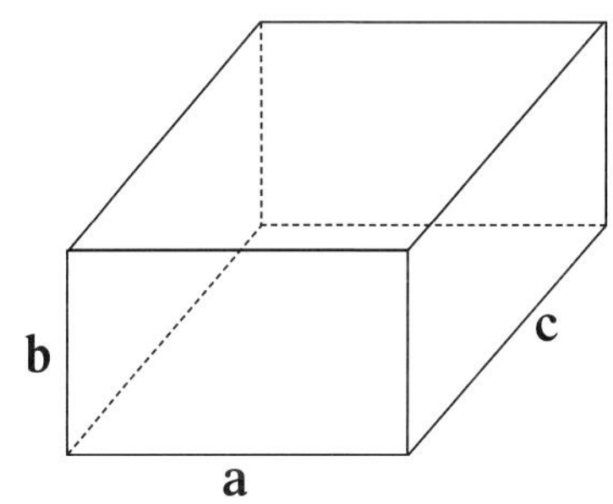

a) Wie heißt die Volumenformel V_Q für diesen Quader?

$V_Q = a \cdot b \cdot c$

b) Das Volumen eines Quaders fasst 3.094 cm². Die Seiten a und b sind 13 cm und 14 cm lang. Stelle eine Gleichung auf und bestimme die Seitenlänge c.

$3.094 = 13 \cdot 14 \cdot c \quad | Z$

$3.094 = 182 \cdot c \quad | :182$

$17 = c$

c) Bei einem anderen Quader beträgt das Volumen 935 cm². Seite a ist 17 cm lang, Seite c 11 cm. Stelle eine Gleichung auf und bestimme die Seitenlänge b.

$935 = 17 \cdot b \cdot 11 \quad | Z$

$935 = 187 \cdot b \quad | :187$

$5 = b$

© Persen Verlag, Buxtehude

INFO

Ein Rechteck hat einen Umfang von 24 cm.
Seite b ist doppelt so lang wie Seite a.
Wie groß sind a und b?

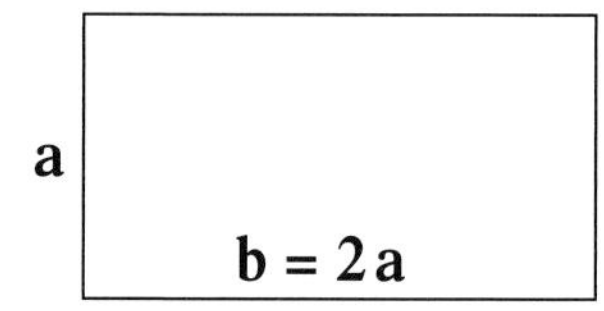

Lösungsschritte:

① $24 = 2a + 2b$
(Umfangsformel)
② $b = 2a$
(b doppelt so lang wie a)

Einsetzen von ② in ①:

$24 = 2a + 2 \cdot 2a \quad | Z$
$24 = 2a + 4a \quad | Z$
$24 = 6a \quad | :6$
$4 = a$

Einsetzen von a = 4 in ②:

$b = 2 \cdot 4 = 8$

Seite a ist 4 cm lang und Seite b 8 cm.

1 **Ein Rechteck hat einen Umfang von 32 cm.**
Seite b ist 3-mal so lang wie Seite a.
Wie groß sind a und b?

① ______
② ______

2 **In einem gleichschenkligen Dreieck sind die Schenkel 4-mal so lang wie die Basis a.**
Wie lang sind die Basis und die beiden Schenkel, wenn der Umfang des Dreiecks 153 cm beträgt?

① ______
② ______

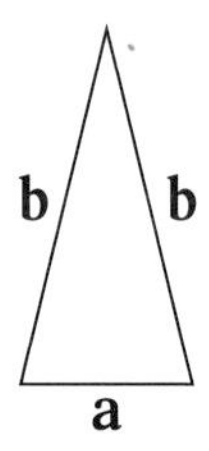

3 **Löse im Heft! In einem Dreieck ist die Seite a 3 cm kürzer als die Seite c.**
Die Seite b ist um 1 cm länger als Seite c.
Der Umfang des Dreiecks beträgt 28 cm.
Wie groß sind a, b und c?

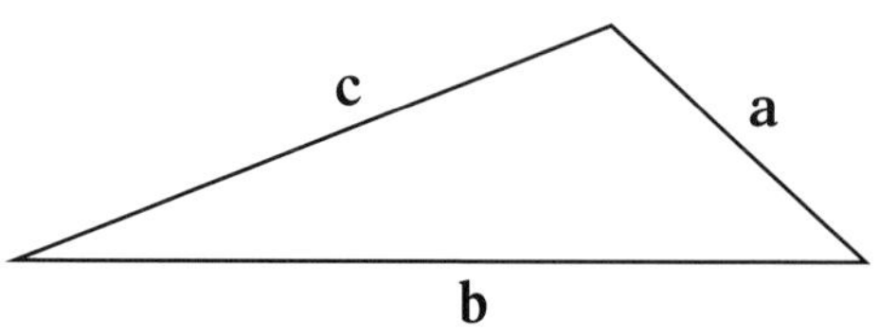

Marco Bettner: Terme und Gleichungen
© Persen Verlag, Buxtehude

INFO

Ein Rechteck hat einen Umfang von 24 cm.
Seite b ist doppelt so lang wie Seite a.
Wie groß sind a und b?

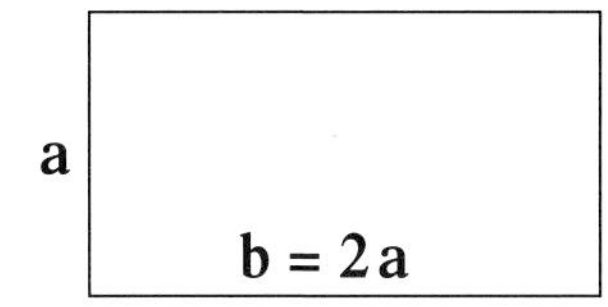

Lösungsschritte:

① $24 = 2a + 2b$ (Umfangsformel)
② $b = 2a$ (b doppelt so lang wie a)

Einsetzen von ② in ①:

$24 = 2a + 2 \cdot 2a$ | Z
$24 = 2a + 4a$ | Z
$24 = 6a$ | : 6
$4 = a$

Einsetzen von a = 4 in ②:

$b = 2 \cdot 4 = 8$

Seite a ist 4 cm lang und Seite b 8 cm.

1 **Ein Rechteck hat einen Umfang von 32 cm.**
Seite b ist 3-mal so lang wie Seite a.
Wie groß sind a und b?

① *$32 = 2a + 2b$*
② *$b = 3a$*

Einsetzen von ② in ①:

$32 = 2a + 2 \cdot 3a$ | Z
$32 = 8a$ | : 8
$4 = a$

Einsetzen von a = 4 in ②:

$b = 3 \cdot 4 = 12$
Seite a ist 4 cm lang,
Seite b 12 cm.

2 **In einem gleichschenkligen Dreieck sind die Schenkel 4-mal so lang wie die Basis a.**
Wie lang sind die Basis und die beiden Schenkel, wenn der Umfang des Dreiecks 153 cm beträgt?

① *$153 = b + b + a$*
② *$b = 4a$*

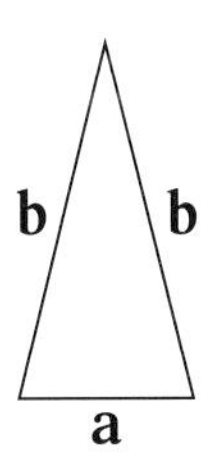

Einsetzen von ② in ①:

$153 = 4a + 4a + a$ | Z
$153 = 9a$ | : 9
$17 = a$

Einsetzen von a = 17 in ②:

$b = 4 \cdot 17 = 68$
Seite a ist 17 cm lang,
Seite b ist 68 cm.

3 **Löse im Heft! In einem Dreieck ist die Seite a 3 cm kürzer als die Seite c. Die Seite b ist um 1 cm länger als Seite c. Der Umfang des Dreiecks beträgt 28 cm. Wie groß sind a, b und c?**

① *$28 = a + b + c$* *$a = 7$*
② *$a = c - 3$* *$b = 11$*
③ *$b = c + 1$* *$c = 10$*

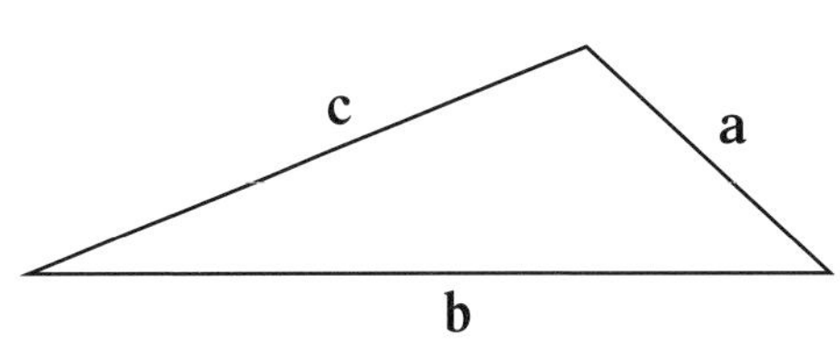

© Persen Verlag, Buxtehude

Erledige alle Aufgaben im Heft.

1 **Löse die Gleichungen nach der entsprechenden Variablen auf.**

a) $x + 78 = 78$

b) $9x + 11 = 46 - 2x$

c) $11y - 17 = 5 + 3y - 6$

d) $(3v - 4) \cdot (2v + 1) - (6v^2 - 9) = 15$

e) $(q - 1) \cdot (q + 6) = q^2 + 4q + 4$

2 **Stelle einen Term auf und bestimme die gesuchte Zahl.**

a) Wenn man diese erdachte Zahl mit 189 multipliziert, so erhält man 42.525.

b) Wenn man 11 zum Doppelten dieser Zahl addiert, erhält man 297.

c) Addiert man zum 3-fachen dieser Zahl 17, so erhält man das Doppelte der Zahl, vermindert um 17.

3 **Die Oberflächenformel für einen Quader lautet $O_Q = 2ab + 2ac + 2bc$. Eine Schachtel hat eine Oberfläche von $464{,}5\,cm^2$. Sie ist 12 cm lang und 5,5 cm breit. Wie hoch ist sie?**

4 **In einem Rechteck ist eine Seite 5-mal so lang wie die andere. Wie groß sind die beiden Seiten, wenn der Umfang des Rechtecks 84 cm beträgt? Stelle eine Gleichung auf und löse sie.**

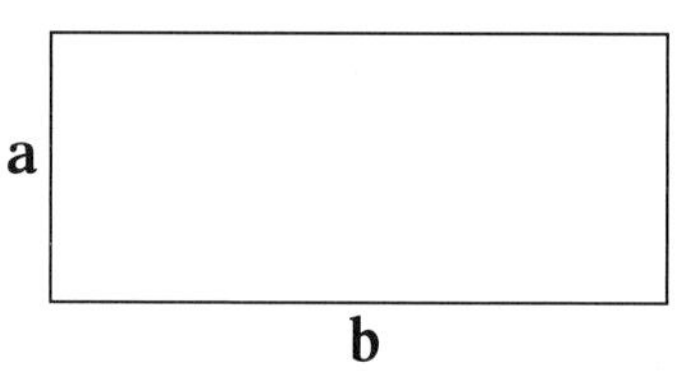

Marco Bettner: Terme und Gleichungen
© Persen Verlag, Buxtehude

Erledige alle Aufgaben im Heft.

1 Löse die Gleichungen nach der entsprechenden Variablen auf.

a) $x + 78 = 78$; $x = 0$

b) $9x + 11 = 46 - 2x$; $x = \frac{35}{11}$

c) $11y - 17 = 5 + 3y - 6$; $y = 2$

d) $(3v - 4) \cdot (2v + 1) - (6v^2 - 9) = 15$; $v = -2$

e) $(q - 1) \cdot (q + 6) = q^2 + 4q + 4$; $q = 10$

2 Stelle einen Term auf und bestimme die gesuchte Zahl.

a) Wenn man diese erdachte Zahl mit 189 multipliziert, so erhält man 42.525.

$x \cdot 189 = 42.525$; $x = 225$

b) Wenn man 11 zum Doppelten dieser Zahl addiert, erhält man 297.

$2x + 11 = 297$; $x = 143$

c) Addiert man zum 3-fachen dieser Zahl 17, so erhält man das Doppelte der Zahl, vermindert um 17.

$3x + 17 = 2x - 17$; $x = -34$

3 Die Oberflächenformel für einen Quader lautet $O_Q = 2ab + 2ac + 2bc$. Eine Schachtel hat eine Oberfläche von 464,5 cm². Sie ist 12 cm lang und 5,5 cm breit. Wie hoch ist sie?

$464{,}5 = 2 \cdot 12 \cdot 5{,}5 + 2 \cdot 12 \cdot c + 2 \cdot 5{,}5 \cdot c$; $c = 9{,}5$

Die Schachtel ist 9,5 cm hoch.

4 In einem Rechteck ist eine Seite 5-mal so lang wie die andere. Wie groß sind die beiden Seiten, wenn der Umfang des Rechtecks 84 cm beträgt? Stelle eine Gleichung auf und löse sie.

$84 = 2a + 2 \cdot 5a$; $a = 7$, $b = 35$

Die eine Seite ist 7 cm lang, die andere 35 cm.

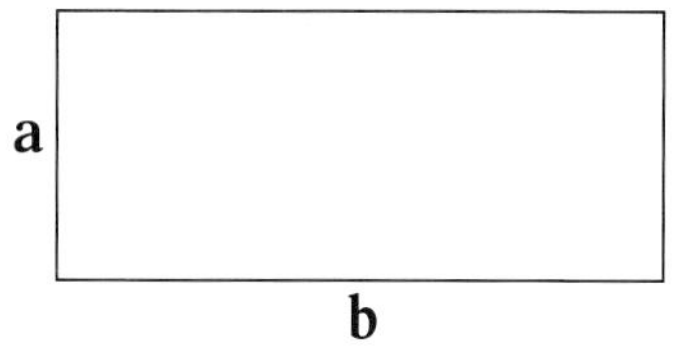

© Persen Verlag, Buxtehude

INFO

So zeichnest du y = 3x + 2 ins Koordinatensystem:

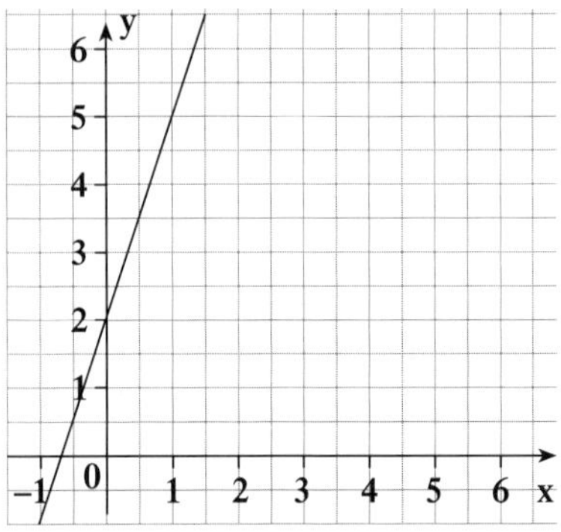

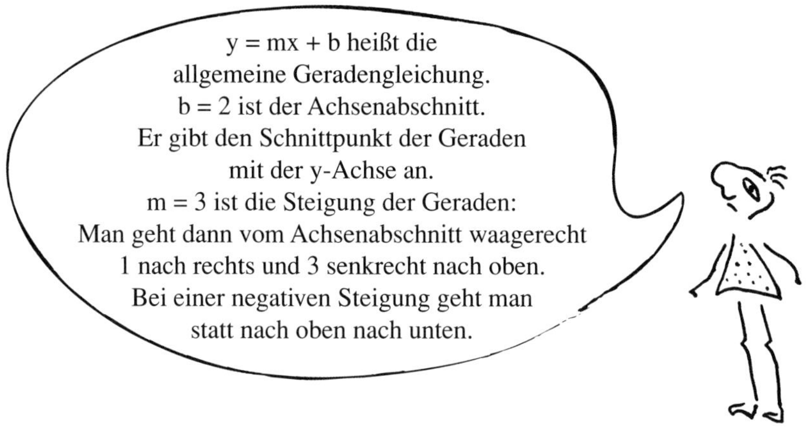

1 Notiere b und m aus der Gleichung.

a) $y = 2x + 4$
m = ___ b = ___

b) $y = 4x - 2$
m = ___ b = ___

c) $y = -2x + 5$
m = ___ b = ___

2 Notiere m und b aus dem Koordinatensystem und notiere die Gleichung.

a)

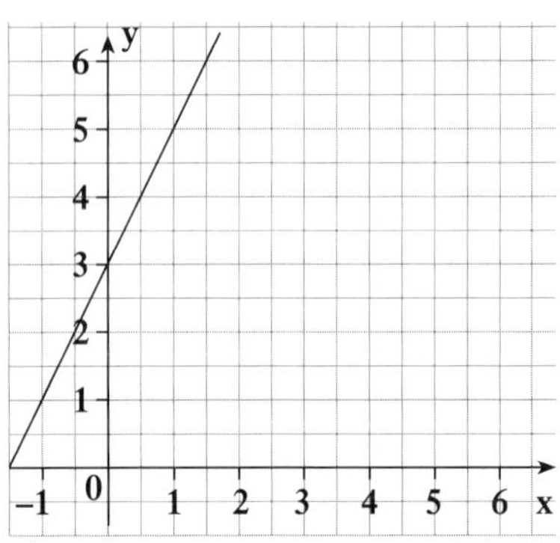

m = ______
b = ______
y = ______

b)

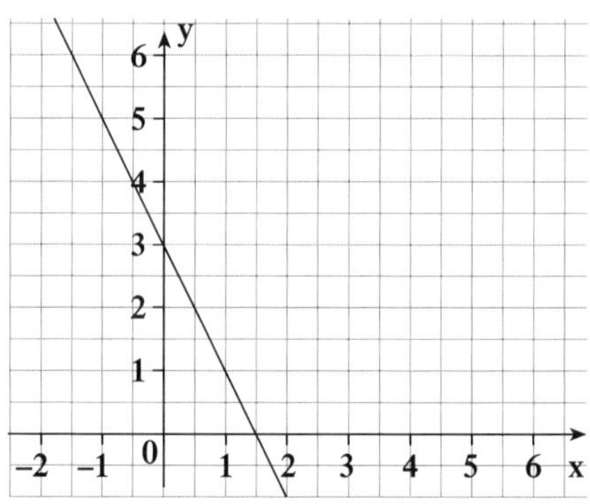

m = ______
b = ______
y = ______

3 Zeichne die Grafen der Gleichungen in unterschiedlichen Farben in das Koordinatensystem.

a) $y_1 = 2x + 1$

b) $y_2 = x - 3$

c) $y_3 = -2x + 3$

d) $y_4 = -3x - 5$

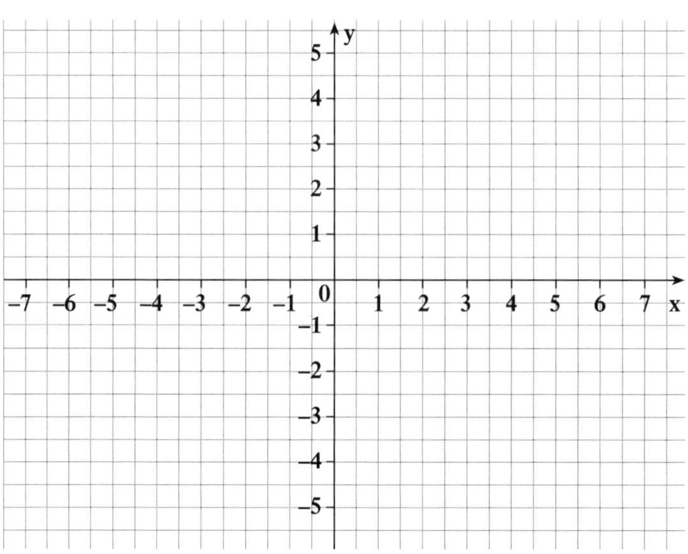

Marco Bettner: Terme und Gleichungen
© Persen Verlag, Buxtehude

INFO

So zeichnest du y = 3x + 2 ins Koordinatensystem:

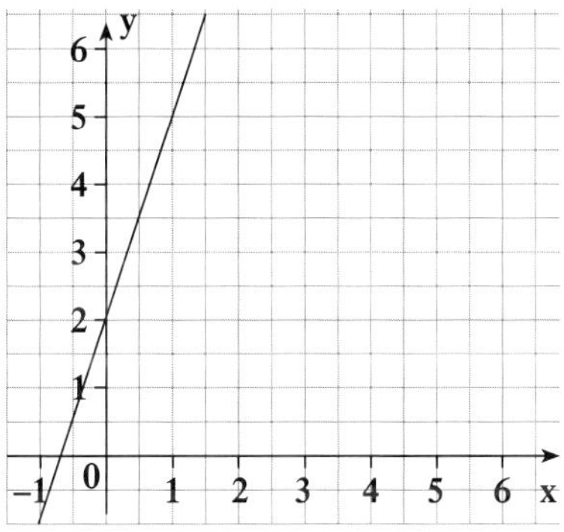

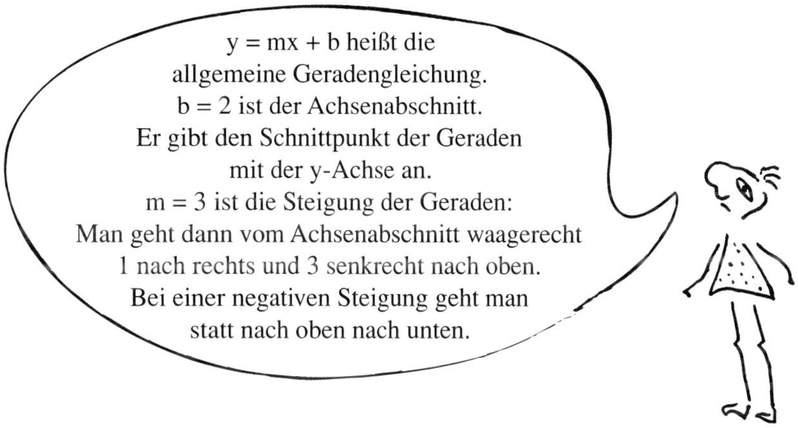

1 Notiere b und m aus der Gleichung.

a) y = 2x + 4
m = *2* b = *4*

b) y = 4x – 2
m = *4* b = *–2*

c) y = –2x + 5
m = *–2* b = *5*

2 Notiere m und b aus dem Koordinatensystem und notiere die Gleichung.

a)

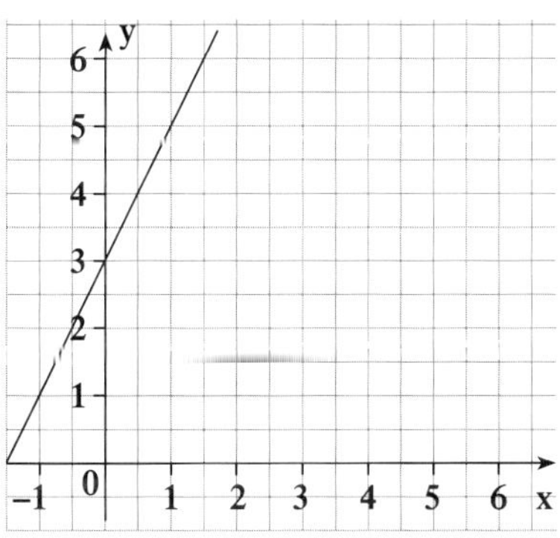

m = *2*

b = *3*

y = *2x + 3*

b)

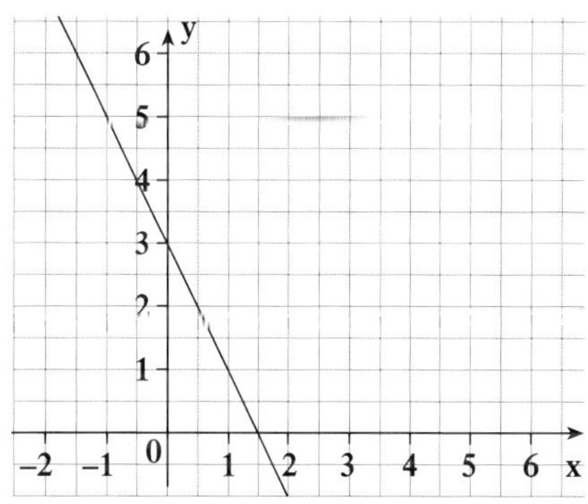

m = *–2*

b = *3*

y = *–2x + 3*

3 Zeichne die Grafen der Gleichungen in unterschiedlichen Farben in das Koordinatensystem.

a) $y_1 = 2x + 1$

b) $y_2 = x - 3$

c) $y_3 = -2x + 3$

d) $y_4 = -3x - 5$

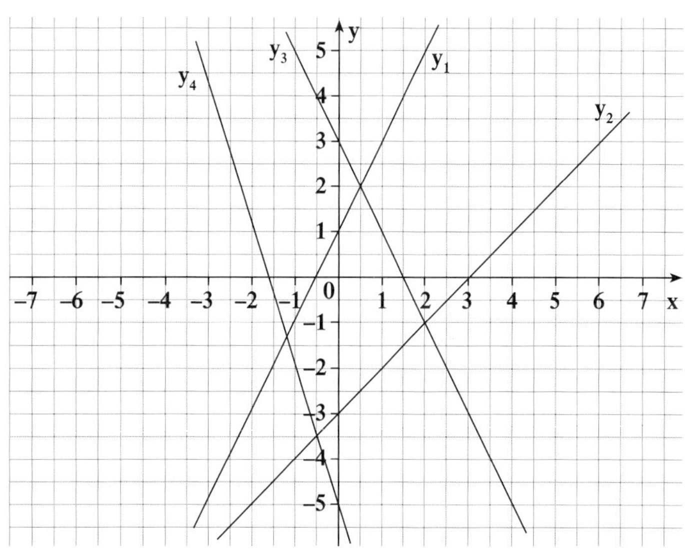

Einführung in lineare Gleichungssysteme 45

INFO

Ein lineares Gleichungssystem besteht aus mehreren linearen Gleichungen mit denselben Variablen. Die Werte für x und y müssen in beiden Gleichungen zu einer wahren Aussage führen. Dann ist das Gleichungssystem gelöst.

1 Überprüfe die angegebenen Lösungen wie oben.

a) $\left|\begin{array}{l} 2x + y = 7 \\ 6x - 2y = 6 \end{array}\right|$ $x = 2; y = 3$

b) $\left|\begin{array}{l} x + 3y = 6 \\ x - 3y = 6 \end{array}\right|$ $x = 6; y = 1$

c) $\left|\begin{array}{l} y = 16 - 3x \\ y = 2x + 6 \end{array}\right|$ $x = 2; y = 10$

2 Bestimme die Lösungen für y.

a) $\left|\begin{array}{l} y = 7 - x \\ y = x - 3 \end{array}\right|$ $x = 5; y = ?$

b) $\left|\begin{array}{l} 2y = 4 - x \\ 4y = 2x - 4 \end{array}\right|$ $x = 3; y = ?$

c) $\left|\begin{array}{l} 9x - y = 41 \\ y = 3x - 11 \end{array}\right|$ $x = 5; y = ?$

Marco Bettner: Terme und Gleichungen
© Persen Verlag, Buxtehude

INFO

Ein lineares Gleichungssystem besteht aus mehreren linearen Gleichungen mit denselben Variablen. Die Werte für x und y müssen in beiden Gleichungen zu einer wahren Aussage führen. Dann ist das Gleichungssystem gelöst.

1 Überprüfe die angegebenen Lösungen wie oben.

a)

$\left|\begin{array}{l} 2x + y = 7 \\ 6x - 2y = 6 \end{array}\right|$ x = 2; y = 3

$\left|\begin{array}{l} 2 \cdot 2 + 3 = 7 \\ 6 \cdot 2 - 2 \cdot 3 = 6 \end{array}\right| =$

$\left|\begin{array}{l} 4 + 3 = 7 \\ 12 - 6 = 6 \end{array}\right|$

Stimmt.

b)

$\left|\begin{array}{l} x + 3y = 6 \\ x - 3y = 6 \end{array}\right|$ x = 6; y = 1

$\left|\begin{array}{l} 6 + 3 \cdot 1 = 6 \\ 6 - 3 \cdot 1 = 6 \end{array}\right| =$

$\left|\begin{array}{l} 6 + 3 = 6 \\ 6 - 3 = 6 \end{array}\right|$

Stimmt nicht.

c)

$\left|\begin{array}{l} y = 16 - 3x \\ y = 2x + 6 \end{array}\right|$ x = 2; y = 10

$\left|\begin{array}{l} 10 = 16 - 3 \cdot 2 \\ 10 = 2 \cdot 2 + 6 \end{array}\right| =$

$\left|\begin{array}{l} 10 = 16 - 6 \\ 10 = 4 + 6 \end{array}\right|$

Stimmt.

2 Bestimme die Lösungen für y.

a)

$\left|\begin{array}{l} y = 7 - x \\ y = x - 3 \end{array}\right|$ x = 5; y = ?

$y = 7 - 5 = 2$

bzw.

$y = 5 - 3 = 2$

b)

$\left|\begin{array}{l} 2y = 4 - x \\ 4y = 2x - 4 \end{array}\right|$ x = 3; y = ?

$2y = 4 - 3$ | Z

$2y = 1$ | : 2

$y = 0{,}5$

c)

$\left|\begin{array}{l} 9x - y = 41 \\ y = 3x - 11 \end{array}\right|$ x = 5; y = ?

$9 \cdot 5 - y = 41$ | Z

$45 - y = 41$ | − 41

$4 - y = 0$ | + y

$4 = y$

INFO **Du kannst lineare Gleichungssysteme leicht lösen, indem zu die Grafen der linearen Gleichungen in ein gemeinsames Koordinatensystem einzeichnest. Die Koordinaten des Schnittpunktes S (x/y) geben dann die Lösungen des Systems an.**

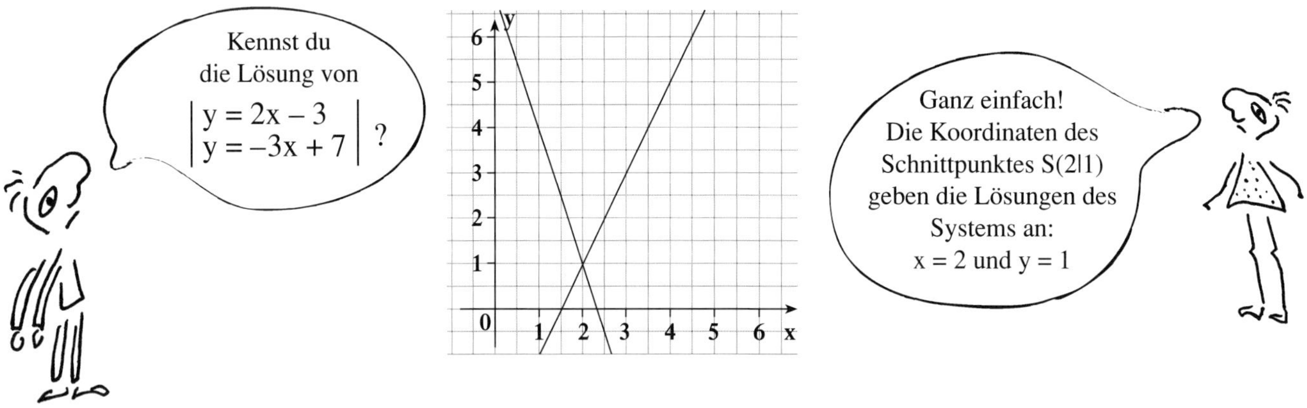

1 **Lies die Koordinaten des Schnittpunktes S ab und notiere sie.**

a)

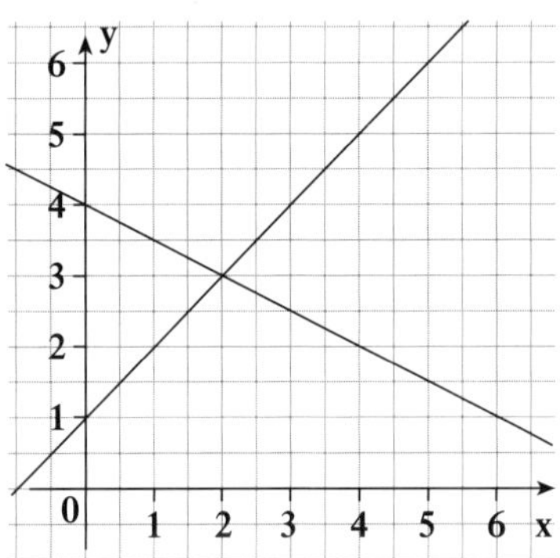

S(___ | ___)

b)

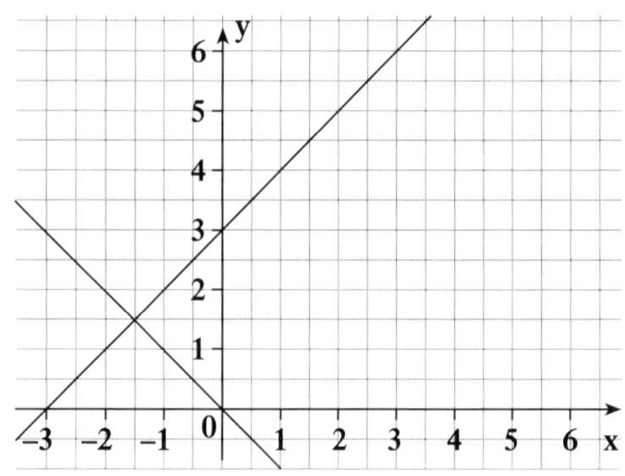

S(___ | ___)

2 **Zeichne jeweils die Grafen der beiden Geraden in das Koordinatensystem und bestimme die Lösungen für x und y. Nimm für jedes Gleichungssystem eine eigene Farbe.**

a) $\left| \begin{array}{l} y = 2x - 3 \\ y = -3x + 7 \end{array} \right|$ x = ______ y = ______

b) $\left| \begin{array}{l} y = x + 1 \\ y = -0{,}5x + 4 \end{array} \right|$ x = ______ y = ______

c) $\left| \begin{array}{l} y = -3x - 2 \\ y = x + 6 \end{array} \right|$ x = ______ y = ______

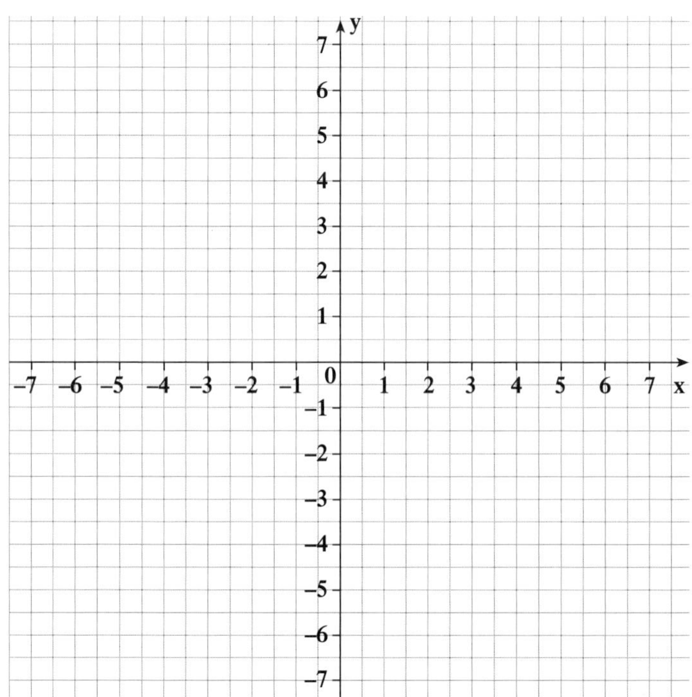

Marco Bettner: Terme und Gleichungen
© Persen Verlag, Buxtehude

INFO **Du kannst lineare Gleichungssysteme leicht lösen, indem zu die Grafen der linearen Gleichungen in ein gemeinsames Koordinatensystem einzeichnest.**
Die Koordinaten des Schnittpunktes S (x/y) geben dann die Lösungen des Systems an.

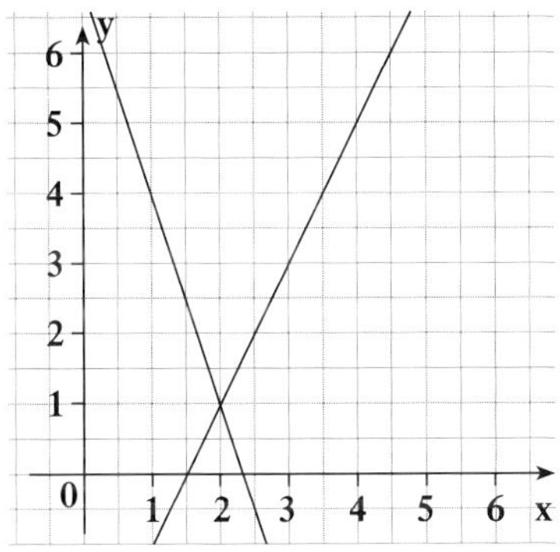

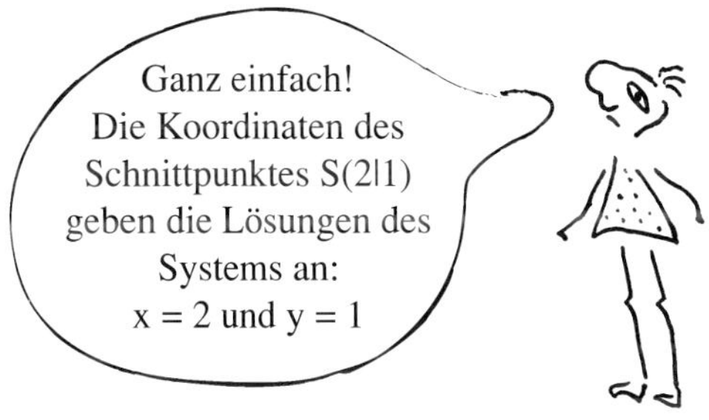

1 **Lies die Koordinaten des Schnittpunktes S ab und notiere sie.**

a
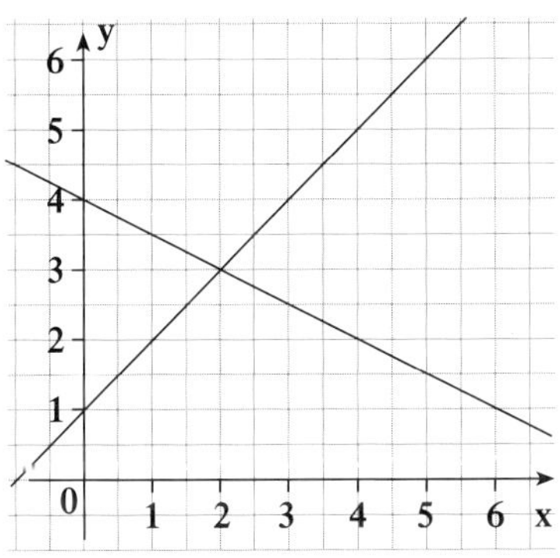

S(*2|3*)

b
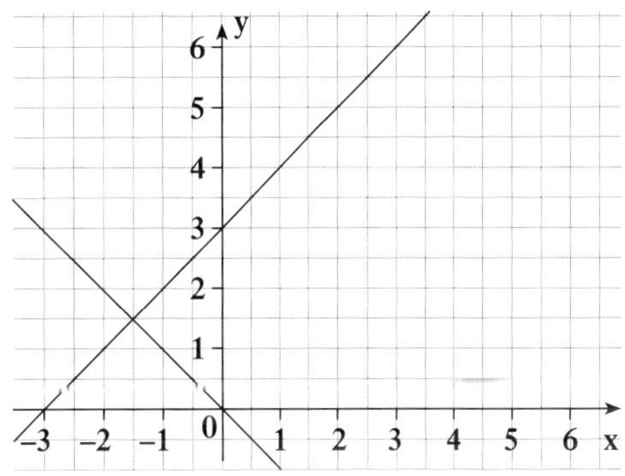

S(*–1,5|1,5*)

2 **Zeichne jeweils die Grafen der beiden Geraden in das Koordinatensystem und bestimme die Lösungen für x und y.**
Nimm für jedes Gleichungssystem eine eigene Farbe.

a $\left| \begin{matrix} y = 2x - 3 \\ y = -3x + 7 \end{matrix} \right|$ x = *2*, y = *1*

b $\left| \begin{matrix} y = x + 1 \\ y = -0{,}5x + 4 \end{matrix} \right|$ x = *2*, y = *3*

c $\left| \begin{matrix} y = -3x - 2 \\ y = x + 6 \end{matrix} \right|$ x = *–2*, y = *4*

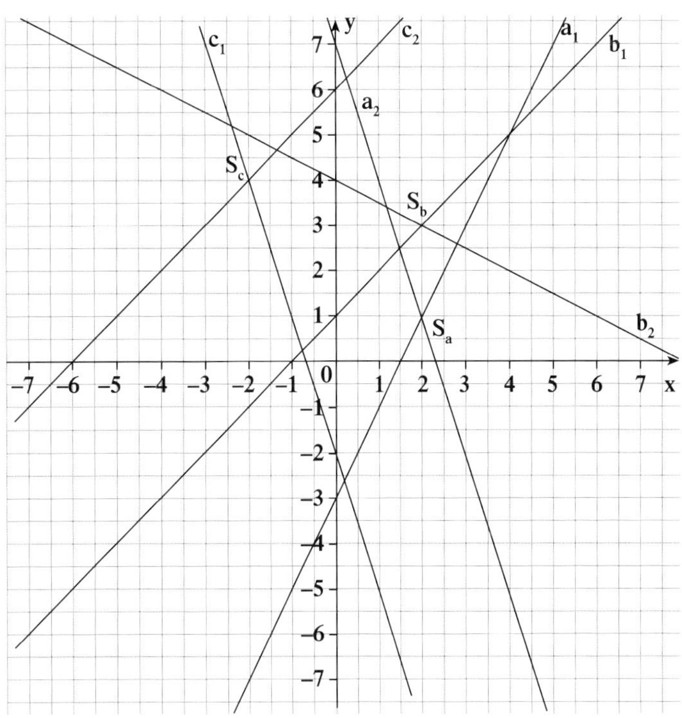

INFO

Was tun, wenn x und y auf derselben Seite der Gleichung stehen?

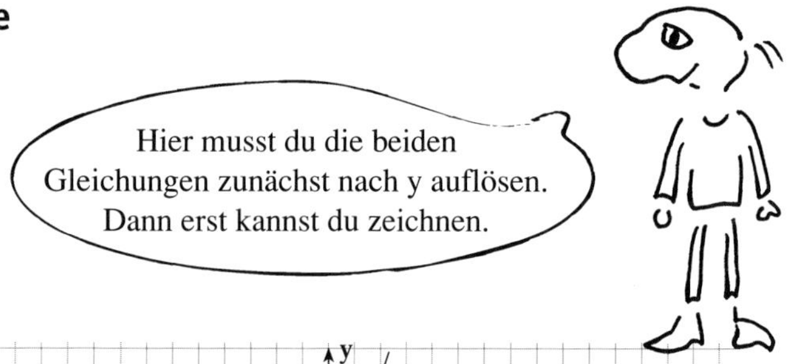

$$\left|\begin{array}{l} 2y - 8 = 6x \\ 8y - 12 = 4x \end{array}\right| \begin{array}{l} | + 8 \\ | + 12 \end{array} =$$

$$\left|\begin{array}{l} 2y = 6x + 8 \\ 8y = 4x + 12 \end{array}\right| \begin{array}{l} | : 2 \\ | : 8 \end{array} =$$

$$\left|\begin{array}{l} y = 3x + 4 \\ y = 0{,}5x + 1{,}5 \end{array}\right|$$

Lösung:

$x = -1$

$y = 1$

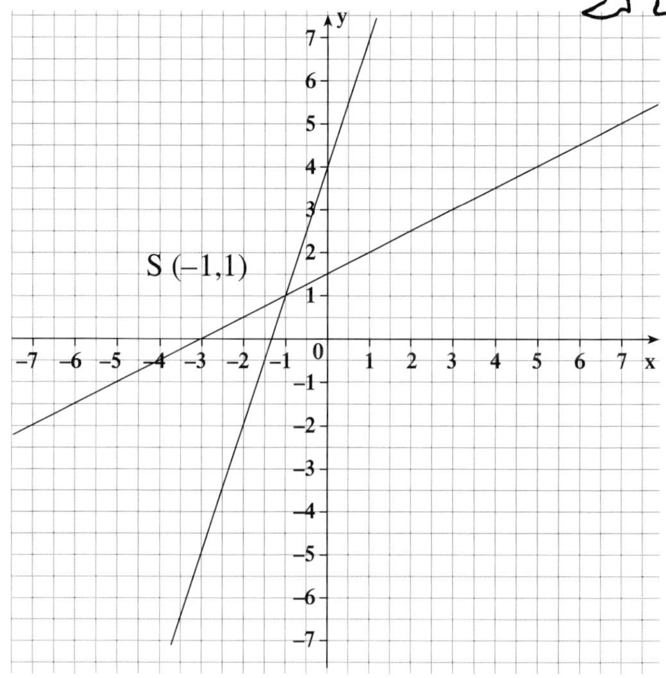

1 **Arbeite im Heft. Löse die beiden Gleichungen nach y auf. Zeichne die Geraden in ein Koordinatensystem und bestimme die Lösungen für x und y.**

a $\left|\begin{array}{l} 2x + y = 6 \\ 3x + 2y = 8 \end{array}\right|$

b $\left|\begin{array}{l} y - 3x = 4 \\ 2y - 8x = 4 \end{array}\right|$

c $\left|\begin{array}{l} 2x + y = 5 \\ -x + 2y = 0 \end{array}\right|$

d $\left|\begin{array}{l} y - 2x = 5 \\ y - 8 = 4x \end{array}\right|$

2 **Gehe wie bei Aufgabe 1 vor. Was fällt dir auf?**

a $\left|\begin{array}{l} y + 2 = 5x \\ 5x = y - 3 \end{array}\right|$ ______________________

____

____

b $\left|\begin{array}{l} y - 2 = 3x \\ 2y = 6x + 4 \end{array}\right|$ ______________________

____

____

Marco Bettner: Terme und Gleichungen
© Persen Verlag, Buxtehude

INFO

Was tun, wenn x und y auf derselben Seite der Gleichung stehen?

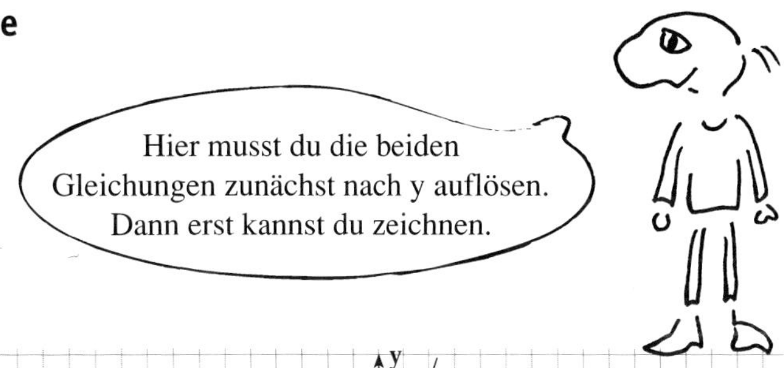

$$\left|\begin{array}{l} 2y - 8 = 6x \\ 8y - 12 = 4x \end{array}\right| \begin{array}{l} \mid +8 \\ \mid +12 \end{array} =$$

$$\left|\begin{array}{l} 2y = 6x + 8 \\ 8y = 4x + 12 \end{array}\right| \begin{array}{l} \mid :2 \\ \mid :8 \end{array} =$$

$$\left|\begin{array}{l} y = 3x + 4 \\ y = 0{,}5x + 1{,}5 \end{array}\right|$$

Lösung:

$x = -1$

$y = 1$

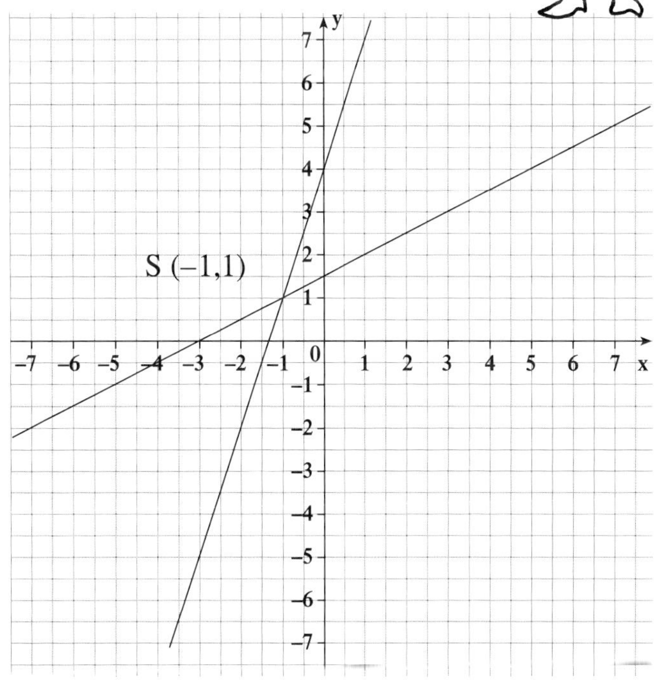

1 **Arbeite im Heft. Löse die beiden Gleichungen nach y auf. Zeichne die Geraden in ein Koordinatensystem und bestimme die Lösungen für x und y.**

a $\left|\begin{array}{l} 2x + y = 6 \\ 3x + 2y = 8 \end{array}\right| = \left|\begin{array}{l} y = -2x + 6 \\ y = -1{,}5x + 4 \end{array}\right|$ *$x = 4;\ y = -2$*

b $\left|\begin{array}{l} y - 3x = 4 \\ 2y - 8x = 4 \end{array}\right| = \left|\begin{array}{l} y = 3x + 4 \\ y = 4x + 2 \end{array}\right|$ *$x = 2;\ y = 10$*

c $\left|\begin{array}{l} 2x + y = 5 \\ -x + 2y = 0 \end{array}\right| = \left|\begin{array}{l} y = -2x + 5 \\ y = 0{,}5x \end{array}\right|$ *$x = 2;\ y = 1$*

d $\left|\begin{array}{l} y - 2x = 5 \\ y - 8 = 4x \end{array}\right| = \left|\begin{array}{l} y = 2x + 5 \\ y = 4x + 8 \end{array}\right|$ *$x = -1{,}5;\ y = 2$*

2 **Gehe wie bei Aufgabe 1 vor. Was fällt dir auf?**

a $\left|\begin{array}{l} y + 2 = 5x \\ 5x = y - 3 \end{array}\right|$ *kein Schnittpunkt, denn die Geraden sind parallel*

b $\left|\begin{array}{l} y - 2 = 3x \\ 2y = 6x + 4 \end{array}\right|$ *unendlich viele Schnittpunkte*

Gleichsetzungsverfahren 1 48

INFO

So geht das Gleichsetzungsverfahren, wenn zwei Gleichungen nach y aufgelöst sind:

$$\left| \begin{array}{l} y = -8x + 24 \\ y = 2x + 4 \end{array} \right|$$

$$\begin{array}{rll} -8x + 24 &= 2x + 4 & \mid + 8x \\ 24 &= 10x + 4 & \mid - 4 \\ 20 &= 10x & \mid : 10 \\ 2 &= x & \end{array}$$

$$\begin{array}{ll} y = -8 \cdot 2 + 24 & \mid Z \\ y = -16 + 24 & \mid Z \\ y = 8 & \end{array}$$

Lösung: $x = 2$ und $y = 8$ lösen das Gleichungssystem.

1 **Arbeite im Heft.**
Berechne die Lösungswerte nach dem Gleichsetzungsverfahren.

a) $\left| \begin{array}{l} y = 3x - 4 \\ y = 2x + 1 \end{array} \right|$

b) $\left| \begin{array}{l} y = -6x + 32 \\ y = 4x + 12 \end{array} \right|$

c) $\left| \begin{array}{l} y = 3x + 27 \\ y = 9x - 15 \end{array} \right|$

d) $\left| \begin{array}{l} y = -x + 7 \\ y = x - 3 \end{array} \right|$

2 **Arbeite im Heft.**
Stelle ein lineares Gleichungssystem auf und bestimme die fehlenden Zahlen.

a) Das 2-fache einer Zahl x vermindert um 0,75 ist so groß wie eine zweite Zahl y. Diese Zahl y ist genauso groß wie das 7-fache der Zahl x vermindert um 3,25.

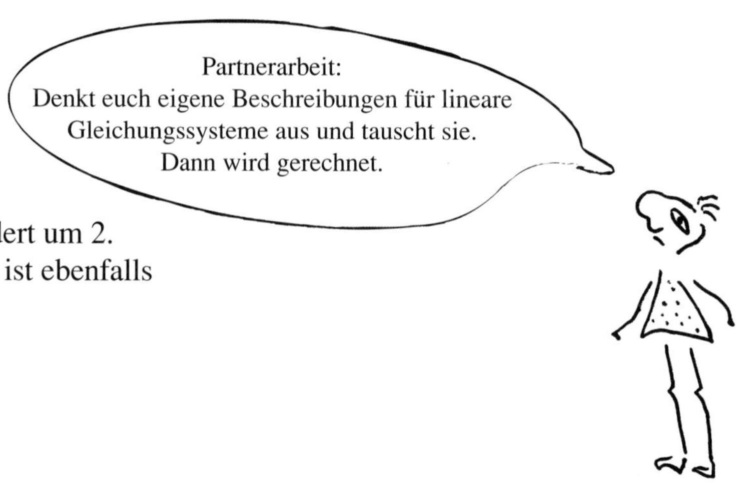

b) Eine Zahl y ist genauso groß wie das 3-fache einer Zahl x vermindert um 2. 8,5 vermindert um das 4-fache von x ist ebenfalls genauso groß wie y.

Marco Bettner: Terme und Gleichungen
© Persen Verlag, Buxtehude

INFO

So geht das Gleichsetzungsverfahren, wenn zwei Gleichungen nach y aufgelöst sind:

$$\left|\begin{array}{l} y = -8x + 24 \\ y = 2x + 4 \end{array}\right|$$

$$\begin{array}{rcll} -8x + 24 &=& 2x + 4 & \mid +8x \\ 24 &=& 10x + 4 & \mid -4 \\ 20 &=& 10x & \mid :10 \\ 2 &=& x & \end{array}$$

$$\begin{array}{ll} y = -8 \cdot 2 + 24 & \mid Z \\ y = -16 + 24 & \mid Z \\ y = 8 & \end{array}$$

Lösung: $x = 2$ und $y = 8$ lösen das Gleichungssystem.

1 Arbeite im Heft.
Berechne die Lösungswerte nach dem Gleichsetzungsverfahren.

a) $\left|\begin{array}{l} y = 3x - 4 \\ y = 2x + 1 \end{array}\right|$ $\quad x = 5$, $y = 11$

b) $\left|\begin{array}{l} y = -6x + 32 \\ y = 4x + 12 \end{array}\right|$ $\quad x = 2$, $y = 20$

c) $\left|\begin{array}{l} y = 3x + 27 \\ y = 9x - 15 \end{array}\right|$ $\quad x = 7$, $y = 48$

d) $\left|\begin{array}{l} y = -x + 7 \\ y = x - 3 \end{array}\right|$ $\quad x = 5$, $y = 2$

2 Arbeite im Heft.
Stelle ein lineares Gleichungssystem auf und bestimme die fehlenden Zahlen.

a) Das 2-fache einer Zahl x vermindert um 0,75 ist so groß wie eine zweite Zahl y. Diese Zahl y ist genauso groß wie das 7-fache der Zahl x vermindert um 3,25.

$\left|\begin{array}{l} 2x - 0{,}75 = y \\ y = 7x - 3{,}25 \end{array}\right|$ $\quad x = 0{,}5$, $y = 0{,}25$

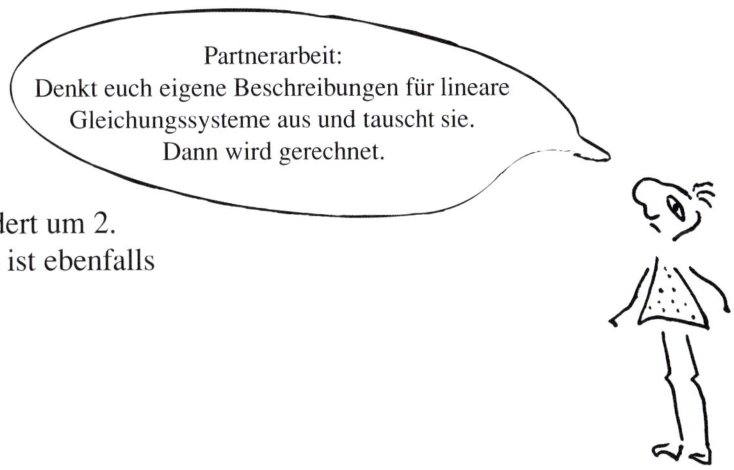

b) Eine Zahl y ist genauso groß wie das 3-fache einer Zahl x vermindert um 2. 8,5 vermindert um das 4-fache von x ist ebenfalls genauso groß wie y.

$\left|\begin{array}{l} y = 3x - 2 \\ 8{,}5 - 4x = y \end{array}\right|$ $\quad x = 1{,}5$, $y = 2{,}5$

INFO

Was tun, wenn x und y auf derselben Seite der Gleichung stehen?

$$\left|\begin{array}{l} 2x - y = 1 \\ 5 + y = 4x \end{array}\right| \begin{array}{l} \mid -2x \\ \mid -5 \end{array} =$$

$$\left|\begin{array}{l} -y = 1 - 2x \\ y = 4x - 5 \end{array}\right| \mid \cdot (-1) = \left|\begin{array}{l} y = -1 + 2x \\ y = 4x - 5 \end{array}\right|$$

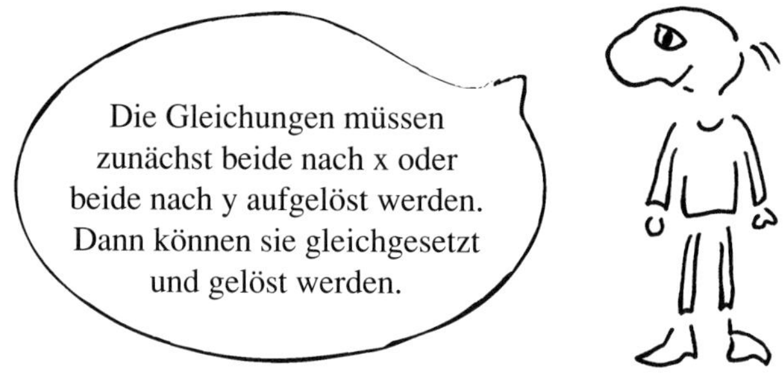

1 **Arbeite im Heft.**
Bestimme x und y für das obige Gleichungssystem.

2 **Arbeite im Heft. Löse beide Gleichungen nach derselben Variablen auf und bestimme die Lösungen nach dem Gleichsetzungsverfahren.**

a) $\left|\begin{array}{l} x + 4y = -17 \\ 3x - 7y = 6 \end{array}\right|$

b) $\left|\begin{array}{l} 2x + 3 = y \\ 25 = 3y - 2x \end{array}\right|$

c) $\left|\begin{array}{l} 4x = 2y + 14 \\ 0 = 2y + 2x \end{array}\right|$

d) $\left|\begin{array}{l} 0{,}25x + 2y = 4{,}5 \\ -0{,}5x - 4y = 9 \end{array}\right|$

3 **Gleichsetzungsverfahren. Bringe die Anweisungen für ein schrittweises Lösen von linearen Gleichungssystemen in die richtige Reihenfolge.**

1. ______________________________
____
2. ______________________________
____
3. ______________________________
____
4. ______________________________
____

Setze die beiden Gleichungen gleich.

Bestimme den Lösungswert für die 2. Variable.

Löse beide Gleichungen nach derselben Variable auf.

Bestimme den Lösungswert für die 1. Variable.

Marco Bettner: Terme und Gleichungen
© Persen Verlag, Buxtehude

INFO

Was tun, wenn x und y auf derselben Seite der Gleichung stehen?

$$\left|\begin{matrix} 2x - y = 1 \\ 5 + y = 4x \end{matrix}\right| \begin{matrix} | - 2x \\ | - 5 \end{matrix} =$$

$$\left|\begin{matrix} -y = 1 - 2x \\ y = 4x - 5 \end{matrix}\right| \; | \cdot (-1) = \left|\begin{matrix} y = -1 + 2x \\ y = 4x - 5 \end{matrix}\right|$$

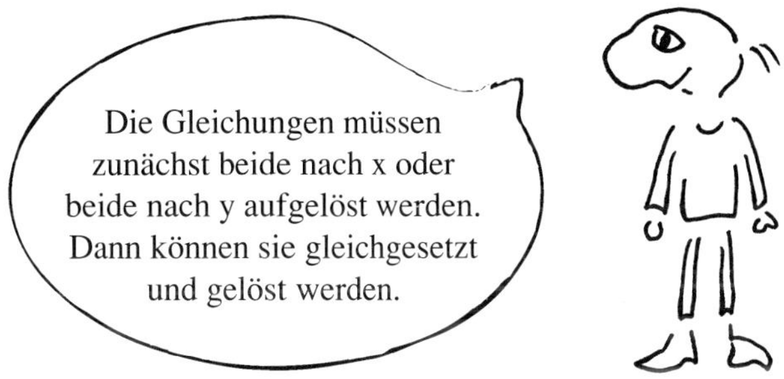

1 Arbeite im Heft.
Bestimme x und y für das obige Gleichungssystem. *x = 2 und y = 3*

2 Arbeite im Heft. Löse beide Gleichungen nach derselben Variablen auf und bestimme die Lösungen nach dem Gleichsetzungsverfahren.

a $\left|\begin{matrix} x + 4y = -17 \\ 3x - 7y = 6 \end{matrix}\right| = \left|\begin{matrix} x = -4y - 17 \\ x = \frac{7}{3}y + 2 \end{matrix}\right|$

$x = -5;\ y = -3$

b $\left|\begin{matrix} 2x + 3 = y \\ 25 = 3y - 2x \end{matrix}\right| = \left|\begin{matrix} y = 2x + 3 \\ y = \frac{2}{3}x + \frac{25}{3} \end{matrix}\right|$

$x = 4;\ y = 11$

c $\left|\begin{matrix} 4x = 2y + 14 \\ 0 = 2y + 2x \end{matrix}\right| = \left|\begin{matrix} x = \frac{1}{2}y + \frac{7}{2} \\ x = -y \end{matrix}\right|$

$x = \frac{7}{3};\ y = -\frac{7}{3}$

d $\left|\begin{matrix} 0{,}25x + 2y = 4{,}5 \\ -0{,}5x - 4y = 9 \end{matrix}\right| = \left|\begin{matrix} x = -8y + 18 \\ x = -8y - 18 \end{matrix}\right|$

Es gibt keine Lösung.

3 Gleichsetzungsverfahren. Bringe die Anweisungen für ein schrittweises Lösen von linearen Gleichungssystemen in die richtige Reihenfolge.

1. *Löse beide Gleichungen nach derselben Variable auf.*
2. *Setze die beiden Gleichungen gleich.*
3. *Bestimme den Lösungswert für die 1. Variable.*
4. *Bestimme den Lösungswert für die 2. Variable.*

Setze die beiden Gleichungen gleich.

Bestimme den Lösungswert für die 2. Variable.

Löse beide Gleichungen nach derselben Variable auf.

Bestimme den Lösungswert für die 1. Variable.

© Persen Verlag, Buxtehude

INFO

So geht das Einsetzungsverfahren, wenn zwei Gleichungen nach derselben Variable aufgelöst sind:

$$\left| \begin{array}{l} ① \; y = 3x + 2 \\ ② \; y - 2x = 10 \end{array} \right| \quad | ① \text{ in } ②$$

$$\begin{array}{rl} 3x + 2 - 2x = 10 & | Z \\ x + 2 = 10 & | -2 \\ x = 8 & | x \text{ in } ① \end{array}$$

$$\begin{array}{ll} y = 3 \cdot 8 + 2 & | Z \\ y = 24 + 2 & | Z \\ y = 26 & \end{array}$$

1 **Arbeite im Heft.**
Berechne nach dem Einsetzungsverfahren.

a) $\left| \begin{array}{l} y = 2x - 4 \\ y + 9 = 3x \end{array} \right|$

b) $\left| \begin{array}{l} -2x = y - 17 \\ y = 5 - 3x \end{array} \right|$

c) $\left| \begin{array}{l} y = 17x + 38 \\ 2y + 9x = 764 \end{array} \right|$

d) $\left| \begin{array}{l} y = 3{,}8x - 2{,}3 \\ 6y = 13x + 4{,}82 \end{array} \right|$

2 **Hier haben sich Fehler eingeschlichen. Schreibe neben jeden Schritt, was gemacht werden muss, und markiere die Fehler. Rechne neu!**

$$\left| \begin{array}{l} ① \; y = 2x + 1 \\ ② \; 3x - y = 6 \end{array} \right| \quad | \text{ \_\_\_\_\_\_\_\_\_\_\_\_\_\_\_\_}$$

$$\begin{array}{rl} 3x - (2x + 1) = 6 & | \text{ \_\_\_\_\_\_\_\_\_\_\_\_\_\_\_\_} \\ 3x - 2x + 1 = 6 & | \text{ \_\_\_\_\_\_\_\_\_\_\_\_\_\_\_\_} \\ x + 1 = 6 & | \text{ \_\_\_\_\_\_\_\_\_\_\_\_\_\_\_\_} \\ x = 5 & | \text{ \_\_\_\_\_\_\_\_\_\_\_\_\_\_\_\_} \end{array}$$

$$\begin{array}{ll} y = 2 \cdot 5 + 1 & | \text{ \_\_\_\_\_\_\_\_\_\_\_\_\_\_\_\_} \\ y = 10 + 1 & | \text{ \_\_\_\_\_\_\_\_\_\_\_\_\_\_\_\_} \\ y = 11 & \end{array}$$

Marco Bettner: Terme und Gleichungen
© Persen Verlag, Buxtehude

INFO

So geht das Einsetzungsverfahren, wenn zwei Gleichungen nach derselben Variable aufgelöst sind:

$\left| \begin{array}{l} ① \; y = 3x + 2 \\ ② \; y - 2x = 10 \end{array} \right| \quad | ① \text{ in } ②$

$3x + 2 - 2x = 10 \quad | \, Z$

$x + 2 = 10 \quad | -2$

$x = 8 \quad | \, x \text{ in } ①$

$y = 3 \cdot 8 + 2 \quad | \, Z$

$y = 24 + 2 \quad | \, Z$

$y = 26$

1 Arbeite im Heft. Berechne nach dem Einsetzungsverfahren.

a $\left| \begin{array}{l} y = 2x - 4 \\ y + 9 = 3x \end{array} \right| \quad \begin{array}{l} x = 5 \\ y = 6 \end{array}$

b $\left| \begin{array}{l} -2x = y - 17 \\ y = 5 - 3x \end{array} \right| \quad \begin{array}{l} x = -12 \\ y = 41 \end{array}$

c $\left| \begin{array}{l} y = 17x + 38 \\ 2y + 9x = 764 \end{array} \right| \quad \begin{array}{l} x = 16 \\ y = 310 \end{array}$

d $\left| \begin{array}{l} y = 3{,}8x - 2{,}3 \\ 6y = 13x + 4{,}82 \end{array} \right| \quad \begin{array}{l} x = 1{,}9 \\ y = 4{,}92 \end{array}$

2 Hier haben sich Fehler eingeschlichen. Schreibe neben jeden Schritt, was gemacht werden muss, und markiere die Fehler. Rechne neu!

$\left| \begin{array}{l} ① \; y = 2x + 1 \\ ② \; 3x - y = 6 \end{array} \right| \quad | ① \text{ in } ②$

$3x - (2x + 1) = 6 \quad | \, AM$

$3x - 2x + 1 = 6 \quad | \, Z$ *(hier muss –1 stehen)*

$x + 1 = 6 \quad | -1$

$x = 5 \quad | \, x \text{ in } ①$

$y = 2 \cdot 5 + 1 \quad | \, Z$

$y = 10 + 1 \quad | \, Z$

$y = 11$

Neu gerechnet:

$\left| \begin{array}{l} ① \; y = 2x + 1 \\ ② \; 3x - y = 6 \end{array} \right| \quad | ① \text{ in } ②$

$3x - (2x + 1) = 6 \quad | \, AM$

$3x - 2x - 1 = 6 \quad | \, Z$

$x - 1 = 6 \quad | +1$

$x = 7 \quad | \, x \text{ in } ①$

$y = 2 \cdot 7 + 1 \quad | \, Z$

$y = 14 + 1 \quad | \, Z$

$y = 15$

INFO

Was tun, wenn x und y auf derselben Seite der Gleichung stehen?

$$\left|\begin{array}{l} 5x + y = 24 \\ 2y + 3x = 60 \end{array}\right| \quad | - 5x \quad = \left|\begin{array}{l} y = 24 - 5x \\ 2y + 3x = 60 \end{array}\right|$$

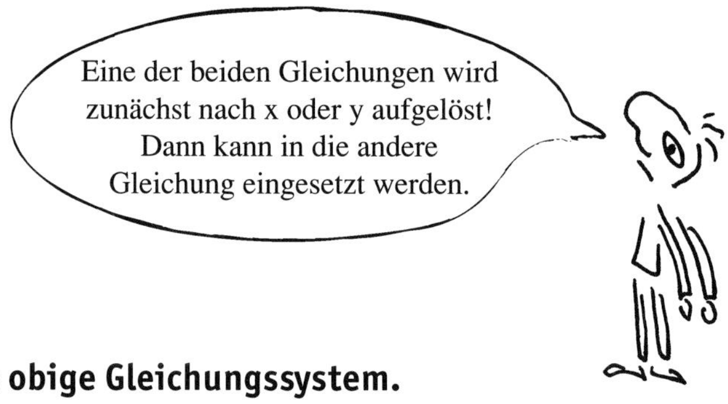

1 **Arbeite im Heft. Bestimme x und y für das obige Gleichungssystem.**

2 **Arbeite im Heft. Bestimme die Werte für x und y nach dem Einsetzungsverfahren.**

a) $\left|\begin{array}{l} y = 2x - 2 \\ 6x + 2y = 11 \end{array}\right|$

b) $\left|\begin{array}{l} x + y = 13 \\ x + 3y = 23 \end{array}\right|$

c) $\left|\begin{array}{l} 3x + y = 14 \\ 2y + 7x = 29 \end{array}\right|$

d) $\left|\begin{array}{l} 5x - y = 33 \\ x = 9 - \frac{1}{7}y \end{array}\right|$

e) $\left|\begin{array}{l} 45x - 17y = 73 \\ 45x - 25y = 65 \end{array}\right|$

f) $\left|\begin{array}{l} 24x - 6y = 18 \\ 2x + 3y = 12 \end{array}\right|$

3 **Einsetzungsverfahren. Bringe die Anweisungen für ein schrittweises Lösen von linearen Gleichungssystemen in die richtige Reihenfolge.**

1. ______________________________
____

2. ______________________________
____
____

3. ______________________________
____

4. ______________________________
____

Setze den Ausdruck für x oder y in die andere Gleichung ein.

Bestimme den Lösungswert für die 2. Variable.

Löse eine der Gleichungen nach x oder y auf.

Bestimme den Lösungswert für die 1. Variable.

Marco Bettner: Terme und Gleichungen
© Persen Verlag, Buxtehude

INFO

Was tun, wenn x und y auf derselben Seite der Gleichung stehen?

$$\left| \begin{array}{l} 5x + y = 24 \\ 2y + 3x = 60 \end{array} \right| \; | -5x \; = \left| \begin{array}{l} y = 24 - 5x \\ 2y + 3x = 60 \end{array} \right|$$

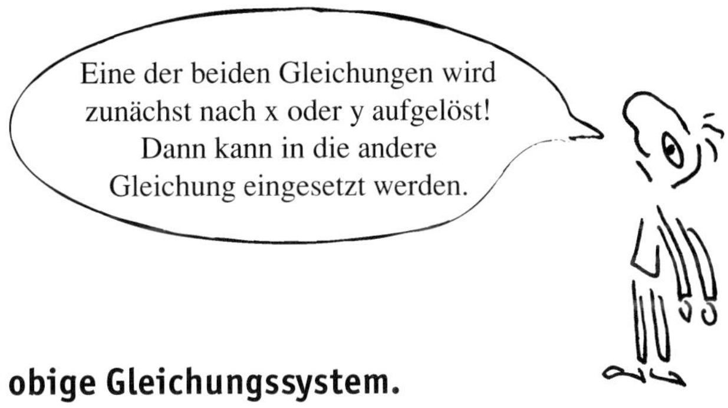

1 **Arbeite im Heft. Bestimme x und y für das obige Gleichungssystem.**

$x = -\frac{12}{7}$ und $y = \frac{228}{7}$

2 **Arbeite im Heft. Bestimme die Werte für x und y nach dem Einsetzungsverfahren.**

a) $\left| \begin{array}{l} y = 2x - 2 \\ 6x + 2y = 11 \end{array} \right|$ *$x = 1{,}5$, $y = 1$*

b) $\left| \begin{array}{l} x + y = 13 \\ x + 3y = 23 \end{array} \right|$ *$x = 8$, $y = 5$*

c) $\left| \begin{array}{l} 3x + y = 14 \\ 2y + 7x = 29 \end{array} \right|$ *$x = 1$, $y = 11$*

d) $\left| \begin{array}{l} 5x - y = 33 \\ x = 9 - \frac{1}{7}y \end{array} \right|$ *$x = 8$, $y = 7$*

e) $\left| \begin{array}{l} 45x - 17y = 73 \\ 45x = 25y = 65 \end{array} \right|$ *$x = 2$, $y = 1$*

f) $\left| \begin{array}{l} 24x - 6y = 18 \\ 2x + 3y = 12 \end{array} \right|$ *$x = 1{,}5$, $y = 3$*

3 **Einsetzungsverfahren. Bringe die Anweisungen für ein schrittweises Lösen von linearen Gleichungssystemen in die richtige Reihenfolge.**

1. *Löse eine der Gleichungen nach x oder y auf.*
2. *Setze den Ausdruck für x oder y in die andere Gleichung ein.*
3. *Bestimme den Lösungswert für die 1. Variable.*
4. *Bestimme den Lösungswert für die 2. Variable.*

Setze den Ausdruck für x oder y in die andere Gleichung ein.

Bestimme den Lösungswert für die 2. Variable.

Löse eine der Gleichungen nach x oder y auf.

Bestimme den Lösungswert für die 1. Variable.

INFO

So geht das Additionsverfahren:

| ① $7x - 6y = 10$ |
| ② $5x + 6y = 14$ |

①+② $7x + 5x - 6y + 6y = 10 + 14$ | Z
$12x = 24$ | : 12
$x = 2$

x in ① $7 \cdot 2 - 6y = 10$ | Z
$14 - 6y = 10$ | − 14
$-6y = -4$ | : (−6)
$y = \frac{2}{3}$

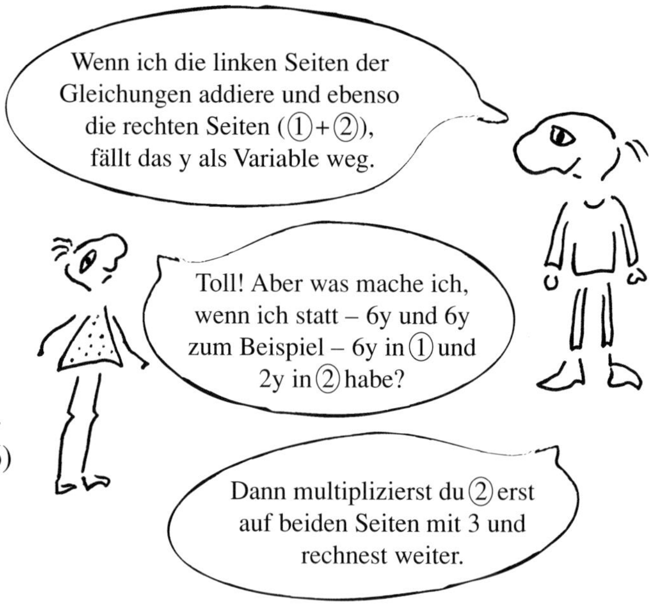

1 **Arbeite im Heft. Wende das Additionsverfahren an und bestimme x und y.**

| ① $-x - 6y = 10$ |
| ② $5x + 2y = 6$ | | · 3

2 **Mit welcher Zahl müsste die untere Gleichung multipliziert werden, damit das y bei der nachfolgenden Addition wegfällt? Notiere den Faktor auf dem vorgesehenen Strich!**

a | $2x + 8y = 34$ |
| $7x + 4y = 16$ | | · ____

b | $-8x + 42y = -12$ |
| $3x - 14y = 13$ | | · ____

3 **Arbeite im Heft. Bestimme die Werte für x und y nach dem Additionsverfahren.**

a | $-5x + 6y = 16$ |
| $5x - y = 14$ |

b | $6x + 7y = 53$ |
| $4x + 7y = 47$ |

c | $2x - 3y = 17$ |
| $-4x + 7y = 1$ |

d | $8x + 3y = 47$ |
| $4x - 2y = 6$ |

e | $3x + 4y = 34$ |
| $4x - 16y = -104$ |

f | $12x - 14y = 1$ |
| $6x + 14y = 17$ |

Marco Bettner: Terme und Gleichungen
© Persen Verlag, Buxtehude

INFO

So geht das Additionsverfahren:

$\left| \begin{array}{l} ①\ 7x - 6y = 10 \\ ②\ 5x + 6y = 14 \end{array} \right|$

①+② $7x + 5x - 6y + 6y = 10 + 14 \quad | Z$

$12x = 24 \quad | :12$

$x = 2$

x in① $7 \cdot 2 - 6y = 10 \quad | Z$

$14 - 6y = 10 \quad | -14$

$-6y = -4 \quad | :(-6)$

$y = \frac{2}{3}$

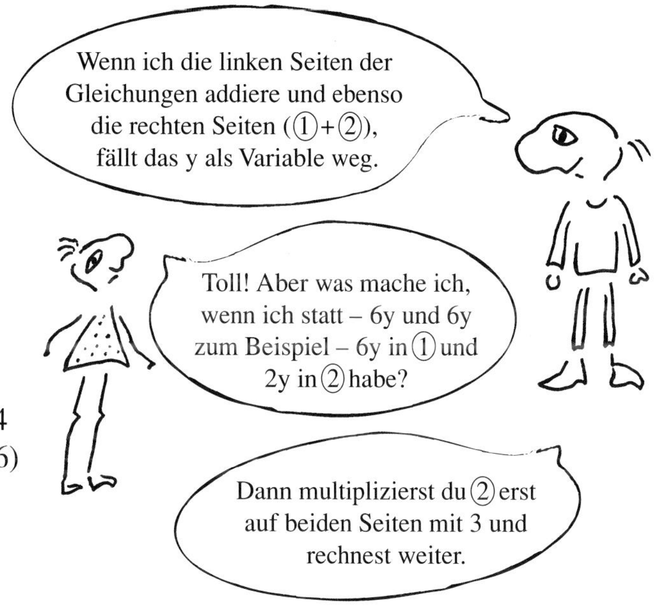

1 **Arbeite im Heft. Wende das Additionsverfahren an und bestimme x und y.**

$\left| \begin{array}{l} ①\ -x - 6y = 10 \\ ②\ 5x + 2y = 6 \end{array} \right| \begin{array}{l} \\ | \cdot 3 \end{array}$ *x = 2*, *y = –2*

2 **Mit welcher Zahl müsste die untere Gleichung multipliziert werden, damit das y bei der nachfolgenden Addition wegfällt? Notiere den Faktor auf dem vorgesehenen Strich!**

a $\left| \begin{array}{l} 2x + 8y = 34 \\ 7x + 4y = 16 \end{array} \right| \begin{array}{l} \\ | \cdot \underline{-2} \end{array}$

b $\left| \begin{array}{l} -8x + 42y = -12 \\ 3x - 14y = 13 \end{array} \right| \begin{array}{l} \\ | \cdot \underline{3} \end{array}$

3 **Arbeite im Heft. Bestimme die Werte für x und y nach dem Additionsverfahren.**

a $\left| \begin{array}{l} -5x + 6y = 16 \\ 5x - y = 14 \end{array} \right|$ *x = 4*, *y = 6*

b $\left| \begin{array}{l} 6x + 7y = 53 \\ 4x + 7y = 47 \end{array} \right| \begin{array}{l} \\ | \cdot (-1) \end{array}$ *x = 3*, *y = 5*

c $\left| \begin{array}{l} 2x - 3y = 17 \\ -4x + 7y = 1 \end{array} \right| \begin{array}{l} | \cdot 2 \\ \\ \end{array}$ *x = 61*, *y = 35*

d $\left| \begin{array}{l} 8x + 3y = 47 \\ 4x - 2y = 6 \end{array} \right| \begin{array}{l} \\ | \cdot 1{,}5 \end{array}$ *x = 4*, *y = 5*

e $\left| \begin{array}{l} 3x + 4y = 34 \\ 4x - 16y = -104 \end{array} \right| \begin{array}{l} | \cdot 4 \\ \\ \end{array}$ *x = 2*, *y = 7*

f $\left| \begin{array}{l} 12x - 14y = 1 \\ 6x + 14y = 17 \end{array} \right|$ *x = 1*, $y = \frac{11}{14}$

INFO

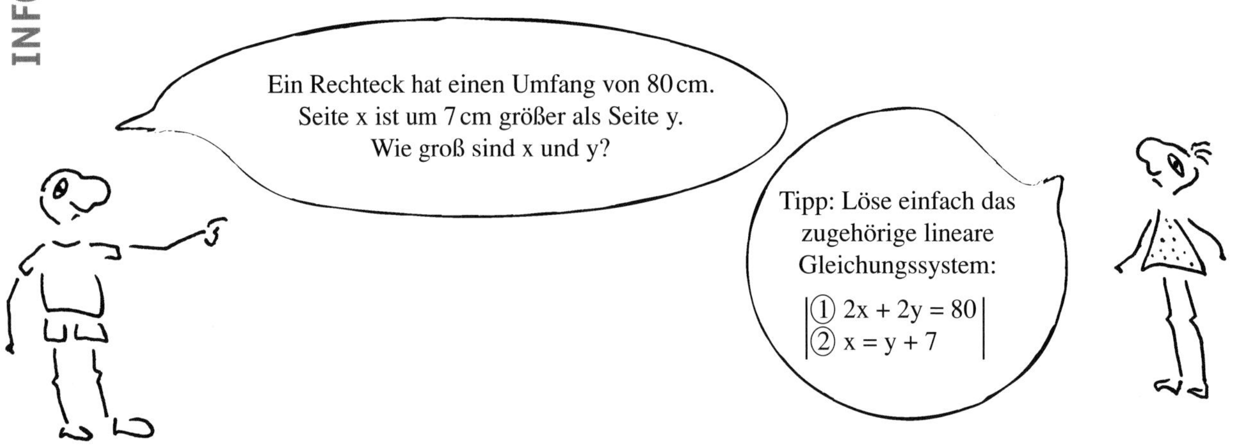

1 **Arbeite im Heft. Bestimme für das obige Gleichungssystem die Werte von x und y.**

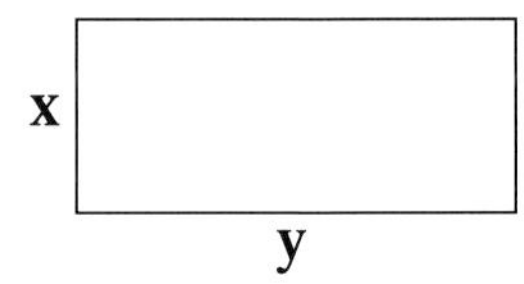

2 **Arbeite im Heft. Ein Parallelogramm hat einen Umfang von 75,8 dm. Seite a ist um 1,3 dm kürzer als Seite b. Stelle ein lineares Gleichungssystem auf und bestimme a und b.**

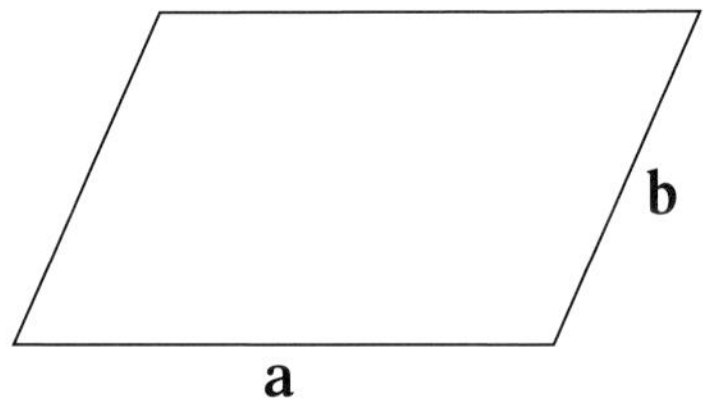

3 **Arbeite im Heft. Bei einem gleichschenkligen Dreieck beträgt der Umfang 324 cm. Die Basis a ist um 12 cm kleiner als ein Schenkel b. Stelle ein lineares Gleichungssystem auf und bestimme a und b.**

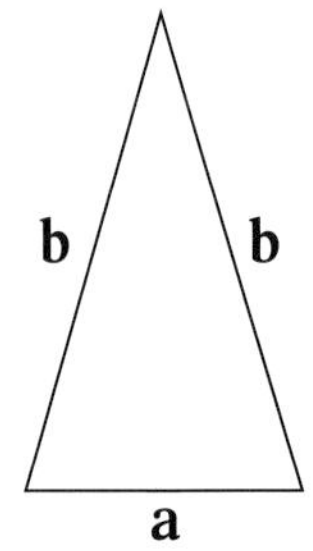

Marco Bettner: Terme und Gleichungen
© Persen Verlag, Buxtehude

INFO

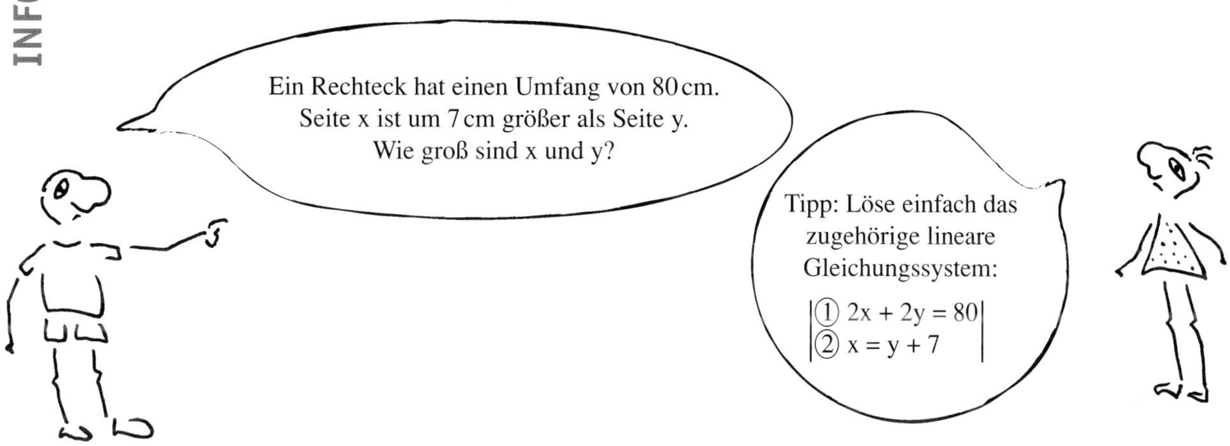

1 **Arbeite im Heft. Bestimme für das obige Gleichungssystem die Werte von x und y.**

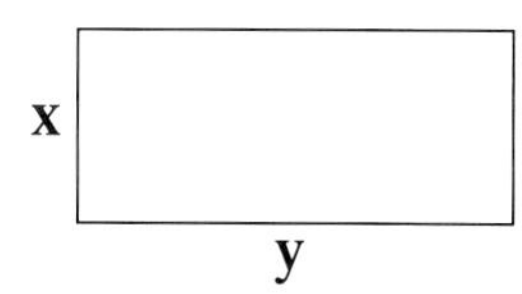

x = 23,5 und y = 16,5

2 **Arbeite im Heft. Ein Parallelogramm hat einen Umfang von 75,8 dm. Seite a ist um 1,3 dm kürzer als Seite b. Stelle ein lineares Gleichungssystem auf und bestimme a und b.**

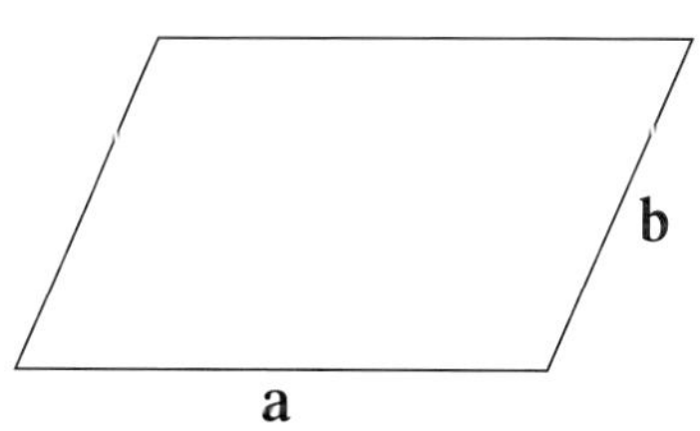

$$\left| \begin{array}{l} ① \; 2a + 2b = 75{,}8 \\ ② \; a = b - 1{,}3 \end{array} \right| \quad \begin{array}{l} a = 18{,}3 \\ b = 19{,}6 \end{array}$$

3 **Arbeite im Heft. Bei einem gleichschenkligen Dreieck beträgt der Umfang 324 cm. Die Basis a ist um 12 cm kleiner als ein Schenkel b. Stelle ein lineares Gleichungssystem auf und bestimme a und b.**

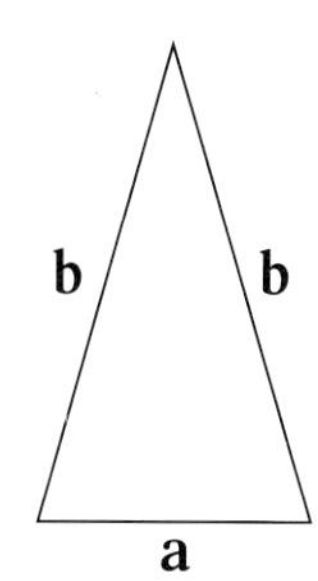

$$\left| \begin{array}{l} ① \; a + 2b = 324 \\ ② \; a = b - 12 \end{array} \right| \quad \begin{array}{l} a = 100 \\ b = 112 \end{array}$$

Erledige alle Aufgaben im Heft.

1 **Wie heißt das Gleichungssystem und seine Lösung?**

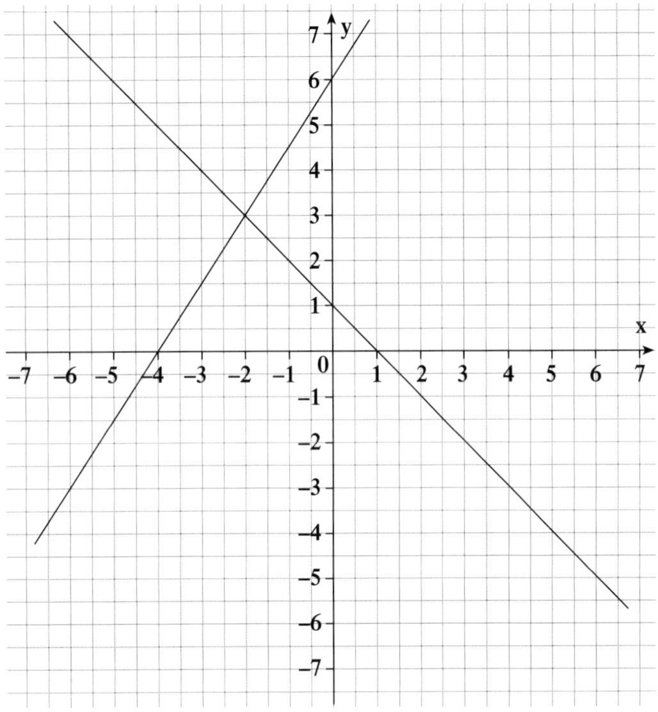

2 **Löse zeichnerisch.**

$$\left| \begin{array}{l} y = 2x + 2 \\ y = 5x - 1 \end{array} \right|$$

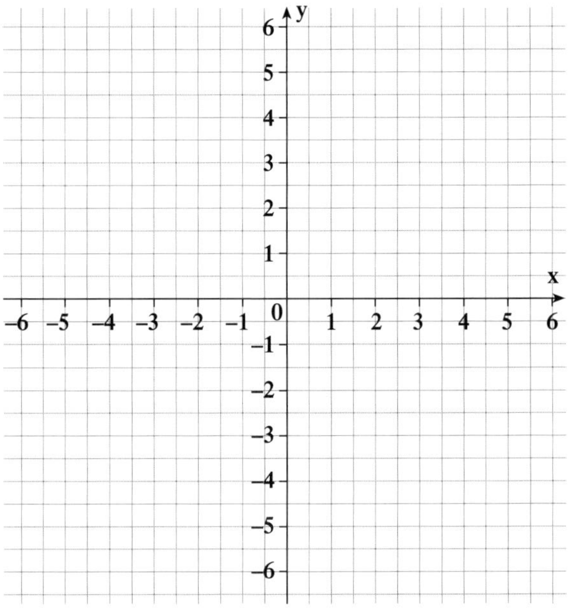

3 **Löse nach einem beliebigen Verfahren auf.**

a $\left| \begin{array}{l} 7x - y = -16 \\ 2x - y = -11 \end{array} \right|$

b $\left| \begin{array}{l} 2x + 4y = 14 \\ -x - 4y = -11 \end{array} \right|$

c $\left| \begin{array}{l} 8x + 9y = 113 \\ 7x + 9y = 109 \end{array} \right|$

4 **Die Differenz zweier Zahlen ist 98. Addiert man zur ersten Zahl das 4-fache der zweiten Zahl, so erhält man 153.**

a Stelle ein passendes lineares Gleichungssystem auf.

b Bestimme x und y.

Marco Bettner: Terme und Gleichungen
© Persen Verlag, Buxtehude

Erledige alle Aufgaben im Heft.

1 Wie heißt das Gleichungssystem und seine Lösung?

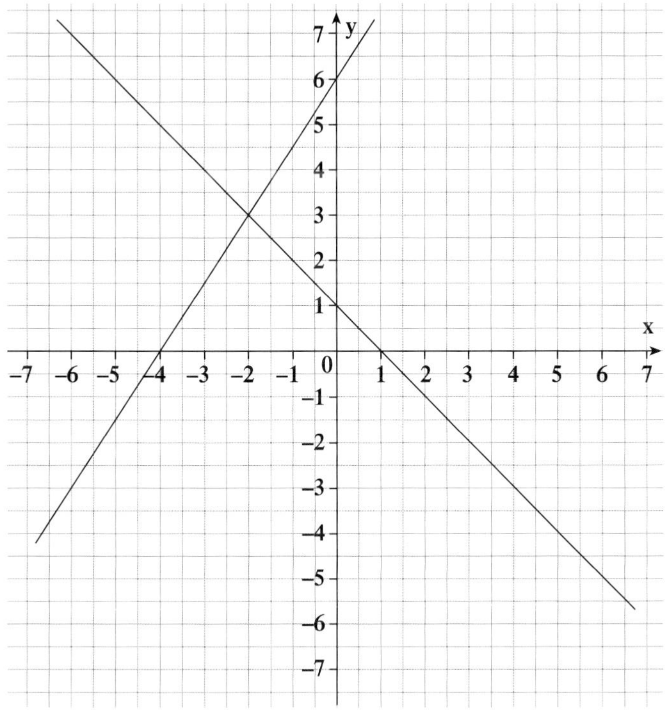

$$\left| \begin{array}{l} y = \frac{3}{2}x + 6 \\ y = -x + 1 \end{array} \right|$$

x = –2
y = 3

2 Löse zeichnerisch.

$$\left| \begin{array}{l} y = 2x + 2 \\ y = 5x - 1 \end{array} \right| \quad x = 1, \; y = 4$$

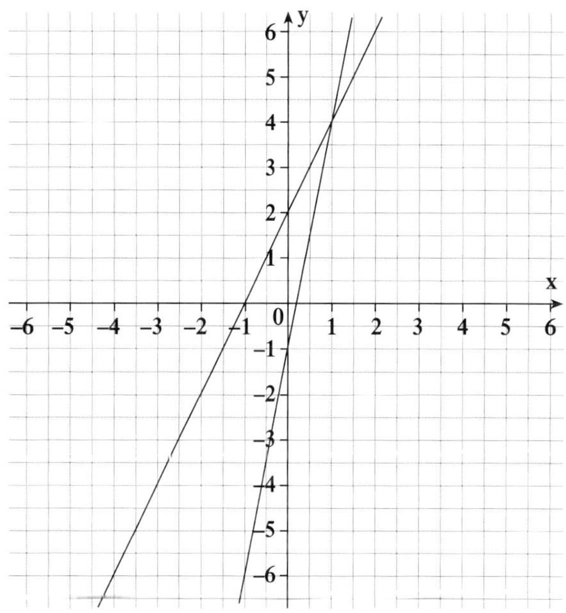

3 Löse nach einem beliebigen Verfahren auf.

a) $\left| \begin{array}{l} 7x - y = -16 \\ 2x - y = -11 \end{array} \right| \quad x = -1, \; y = 9$

b) $\left| \begin{array}{l} 2x + 4y = 14 \\ -x - 4y = -11 \end{array} \right| \quad x = 3, \; y = 2$

c) $\left| \begin{array}{l} 8x + 9y = 113 \\ 7x + 9y = 109 \end{array} \right| \quad x = 4, \; y = 9$

4 Die Differenz zweier Zahlen ist 98. Addiert man zur ersten Zahl das 4-fache der zweiten Zahl, so erhält man 153.

a) Stelle ein passendes lineares Gleichungssystem auf.

b) Bestimme x und y.

① $x - y = 98$
② $x + 4y = 153$
$x = 109$ *und* $y = 11$

Quadratische Gleichungen lösen: $x^2 = a$ 55

INFO

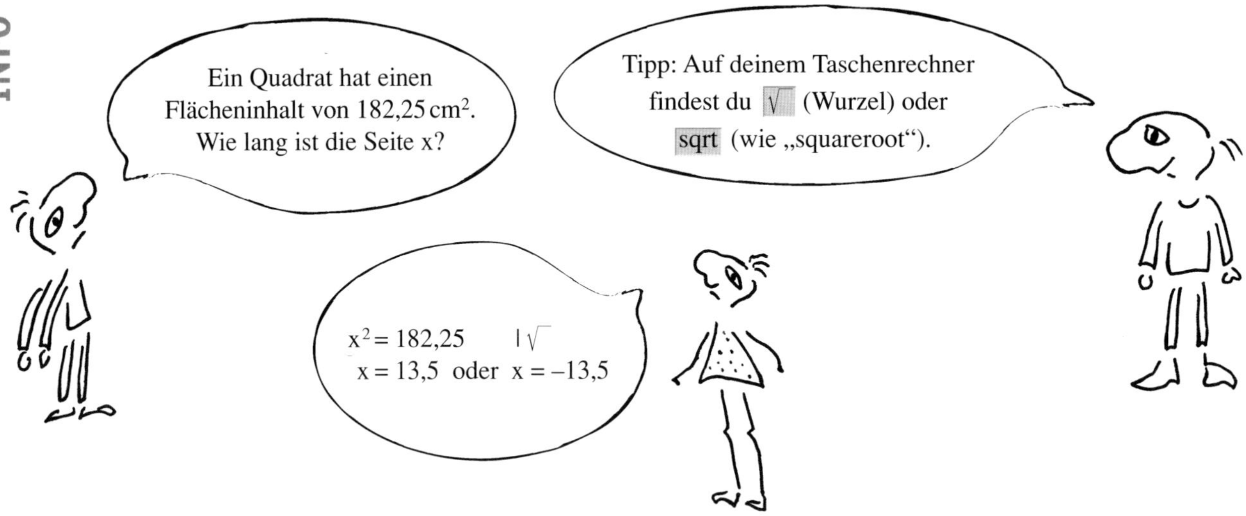

1 **Löse die Gleichungen.**
Beachte, dass oft auch 2 Lösungen richtig sind!

a) $x^2 = 16$ | ______

$x_1 =$ ______ $x_2 =$ ______

b) $x^2 = 10.000$ | ______

$x_1 =$ ______ $x_2 =$ ______

2 **Bringe die Gleichung zunächst in die Form $x^2 = a$ und ziehe dann die Wurzel.**

a) $4x^2 = 100$ | ______

$x^2 = 25$ |

$x_1 =$ ______ $x_2 =$ ______

b) $x^2 - 20 = 269$ | ______

$x^2 = 289$ |

$x_1 =$ ______ $x_2 =$ ______

c) $2x^2 + 15 = 257$ | ______

$2x^2 = 242$ |

$x^2 = 121$ |

$x_1 =$ ______ $x_2 =$ ______

d) $5x^2 - 14 = 48.991$ | ______

$5x^2 = 49.005$ |

$x^2 = 9.801$ |

$x_1 =$ ______ $x_2 =$ ______

Marco Bettner: Terme und Gleichungen
© Persen Verlag, Buxtehude

INFO

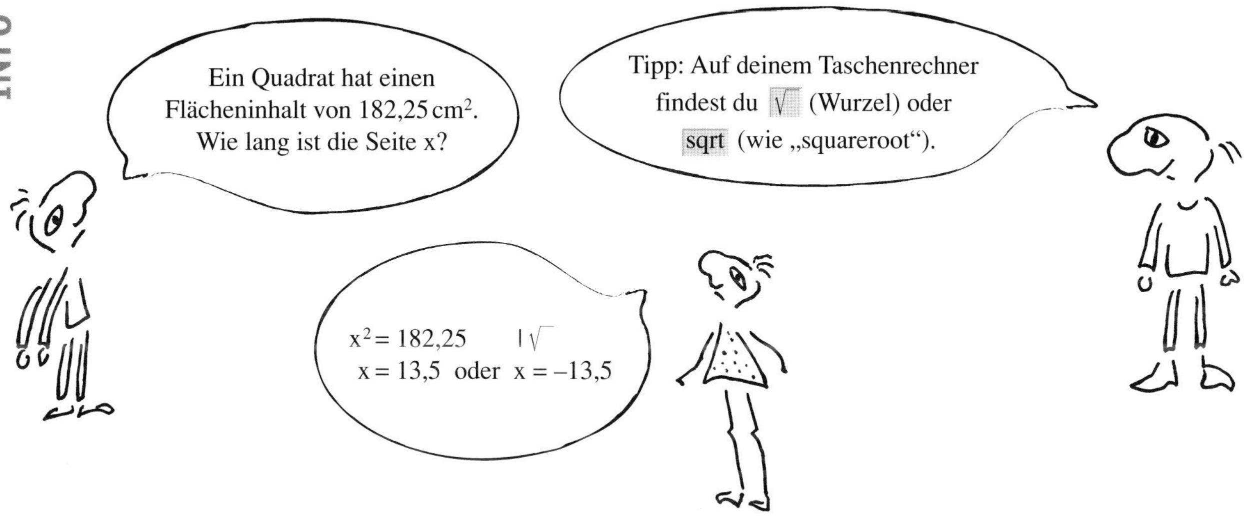

1 Löse die Gleichungen.
Beachte, dass oft auch 2 Lösungen richtig sind!

a) $x^2 = 16 \quad | \sqrt{}$

$x_1 = 4 \qquad x_2 = -4$

b) $x^2 = 10.000 \quad | \sqrt{}$

$x_1 = 100 \qquad x_2 = -100$

2 Bringe die Gleichung zunächst in die Form $x^2 = a$ und ziehe dann die Wurzel.

a) $4x^2 = 100 \quad | :4$

$x^2 = 25 \quad | \sqrt{}$

$x_1 = 5 \qquad x_2 = -5$

b) $x^2 - 20 = 269 \quad | +20$

$x^2 = 289 \quad | \sqrt{}$

$x_1 = 17 \qquad x_2 = -17$

c) $2x^2 + 15 = 257 \quad | -15$

$2x^2 = 242 \quad | :2$

$x^2 = 121 \quad | \sqrt{}$

$x_1 = 11 \qquad x_2 = -11$

d) $5x^2 - 14 = 48.991 \quad | +14$

$5x^2 = 49.005 \quad | :5$

$x^2 = 9.801 \quad | \sqrt{}$

$x_1 = 99 \qquad x_2 = -99$

© Persen Verlag, Buxtehude

INFO

So löst du eine quadratische Gleichung der Form $(x + a)^2 = s$

$(x + 3)^2 = 144 \quad | \sqrt{\ }$

$x + 3 = 12$ oder $x + 3 = -12 \quad | -3$

$x = 9$ oder $x = -15$

1 Löse die Gleichungen nach x auf.

a) $(x - 2)^2 = 81$ | ____

b) $(4 + x)^2 = 961$ | ____

c) $(x + 7)^2 - 6 = 75$ | ____

d) $(x - 5)^2 + 4 = 29$ | ____

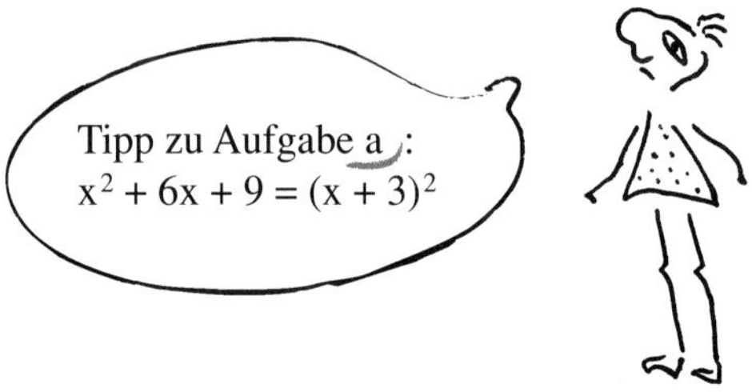

2 Bestimme mithilfe der 1. oder 2. binomischen Formel die Lösung.

a) $x^2 + 6x + 9 = 36$ *1*. binomische Formel

b) $x^2 - 4x + 4 = 25$ ___. binomische Formel

c) $x^2 + 8x + 16 = 121$ ___. binomische Formel

d) $x^2 - 14x + 49 = 361$ ___. binomische Formel

Marco Bettner: Terme und Gleichungen
© Persen Verlag, Buxtehude

INFO

So löst du eine quadratische Gleichung der Form $(x + a)^2 = s$

$(x + 3)^2 = 144$ $\quad |\sqrt{\ }$

$x + 3 = 12$ oder $x + 3 = -12$ $\quad | -3$

$x = 9$ oder $x = -15$

1 Löse die Gleichungen nach x auf.

a) $(x - 2)^2 = 81$ $\quad |\sqrt{\ }$

$x - 2 = 9$ oder $x - 2 = -9$ $\quad | +2$

$x = 11$ oder $x = -7$

b) $(4 + x)^2 = 961$ $\quad |\sqrt{\ }$

$4 + x = 31$ oder $4 + x = -31$ $\quad | -4$

$x = 27$ oder $x = -35$

c) $(x + 7)^2 - 6 = 75$ $\quad | +6$

$(x + 7)^2 = 81$ $\quad |\sqrt{\ }$

$x + 7 = 9$ oder $x + 7 = -9$ $\quad | -7$

$x = 2$ oder $x = -16$

d) $(x - 5)^2 + 4 = 29$ $\quad | -4$

$(x - 5)^2 = 25$ $\quad |\sqrt{\ }$

$x - 5 = 5$ oder $x - 5 = -5$ $\quad | +5$

$x = 10$ oder $x = 0$

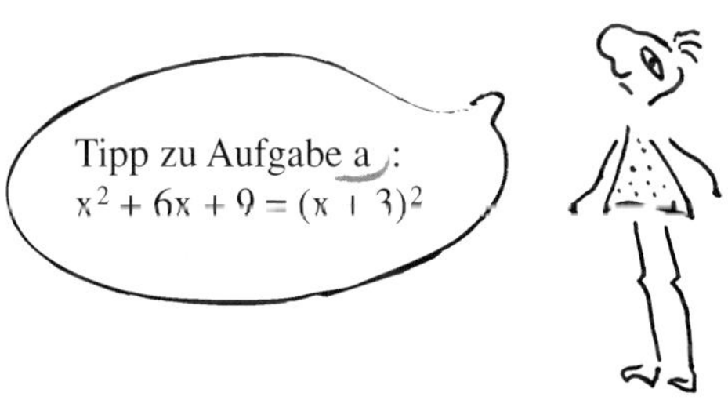

2 Bestimme mithilfe der 1. oder 2. binomischen Formel die Lösung.

a) $x^2 + 6x + 9 = 36$ 1. binomische Formel

$(x + 3)^2 = 36$ $\quad |\sqrt{\ }$

$x + 3 = 6$ oder $x + 3 = -6$ $\quad | -3$

$x = 3$ oder $x = -9$

b) $x^2 - 4x + 4 = 25$ 2. binomische Formel

$(x - 2)^2 = 25$ $\quad |\sqrt{\ }$

$x - 2 = 5$ oder $x - 2 = -5$ $\quad | +2$

$x = 7$ oder $x = -3$

c) $x^2 + 8x + 16 = 121$ 1. binomische Formel

$(x + 4)^2 = 121$ $\quad |\sqrt{\ }$

$x + 4 = 11$ oder $x + 4 = -11$ $\quad | -4$

$x = 7$ oder $x = -15$

d) $x^2 - 14x + 49 = 361$ 2. binomische Formel

$(x - 7)^2 = 361$ $\quad |\sqrt{\ }$

$x - 7 = 19$ oder $x - 7 = -19$ $\quad | +7$

$x = 26$ oder $x = -12$

© Persen Verlag, Buxtehude

INFO

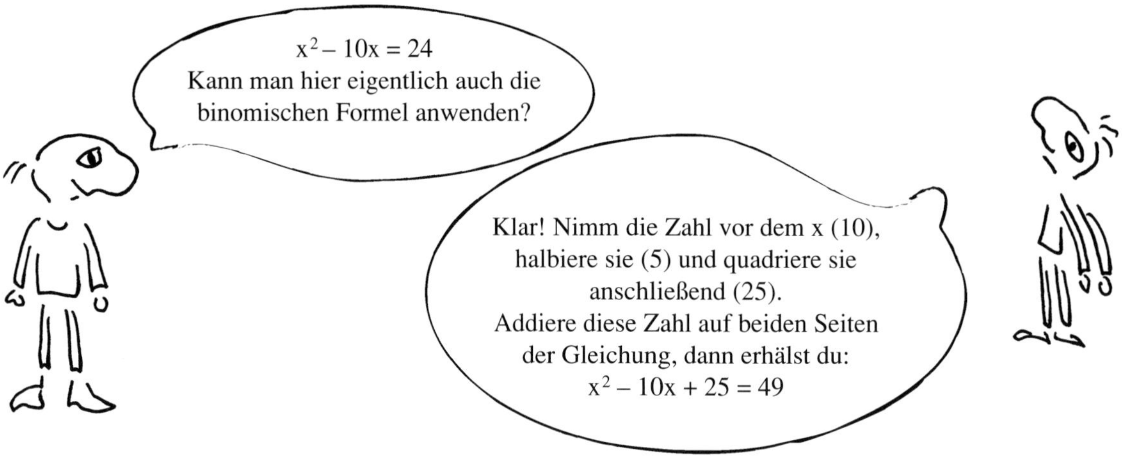

1 **Berechne die Lösung zur obigen Gleichung.**

$x^2 - 10x + 25 = 49$

2 **Wenn dieser Term die eine Seite deiner Gleichung wäre, was müsstest du dann quadratisch ergänzen?**

a) $x^2 + 12x$

Ergänze:

b) $x^2 - 20x$

Ergänze:

c) $x^2 + 15x$

Ergänze:

Beispiel:

In $x^2 + 8x = 7$ steht links $x^2 + 8x$.
$8 : 2 = 4;$
$4^2 = 16$
Ich muss also auf beiden Seiten 16 ergänzen, um die 1. binomische Formel anwenden zu können.

3 **Bestimme die Lösung für x mithilfe der quadratischen Ergänzung.**

a) $x^2 + 20x = -36$

b) $x^2 - 12x = -27$

Marco Bettner: Terme und Gleichungen
© Persen Verlag, Buxtehude

INFO

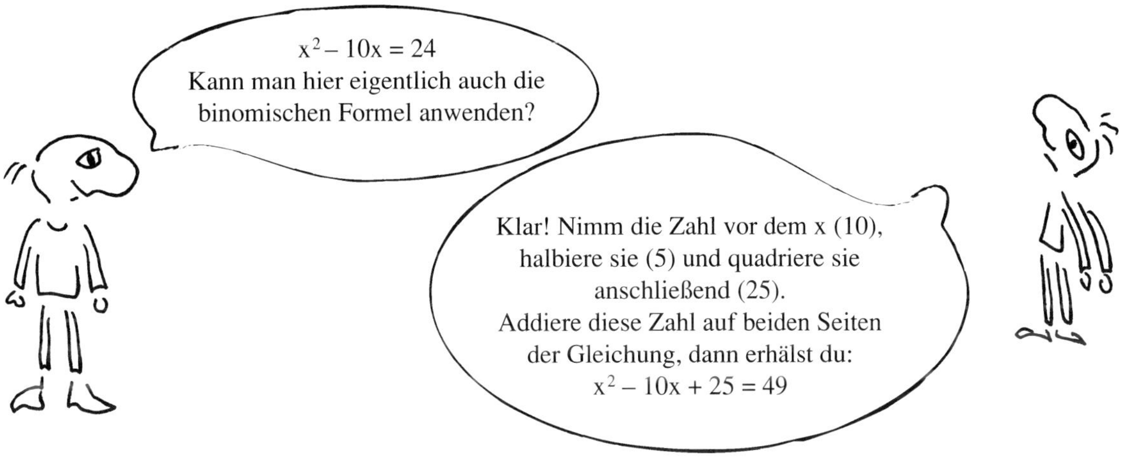

1 Berechne die Lösung zur obigen Gleichung.

$x^2 - 10x + 25 = 49$ — 2. binomische Formel

$(x-5)^2 = 49$ $\quad | \sqrt{\ }$

$x - 5 = 7$ oder $x - 5 = -7$ $\quad | +5$

$x = 12$ oder $x = -2$

2 Wenn dieser Term die eine Seite deiner Gleichung wäre, was müsstest du dann quadratisch ergänzen?

Beispiel:
In $x^2 + 8x = 7$ steht links $x^2 + 8x$.
$8 : 2 = 4$;
$4^2 = 16$
Ich muss also auf beiden Seiten 16 ergänzen, um die 1. binomische Formel anwenden zu können.

a) $x^2 + 12x$
$12 : 2 = 6$
$6^2 = 36$
Ergänze: *36*

b) $x^2 - 20x$
$(-20) : 2 = -10$
$(-10)^2 = 100$
Ergänze: *100*

c) $x^2 + 15x$
$15 : 2 = 7{,}5$
$7{,}5^2 = 56{,}25$
Ergänze: *56,25*

3 Bestimme die Lösung für x mithilfe der quadratischen Ergänzung.

a)
$x^2 + 20x = -36$ $\quad | +100$
$x^2 + 20x + 100 = -36 + 100$ $\quad | Z$
$x^2 + 20x + 100 = 64$ $\quad | 1.\ bin.\ F.$
$(x + 10)^2 = 64$ $\quad | \sqrt{\ }$
$x + 10 = 8$ oder $x + 10 = -8$ $\quad | -10$
$x = -2$ oder $x = -18$

b)
$x^2 - 12x = -27$ $\quad | +36$
$x^2 - 12x + 36 = -27 + 36$ $\quad | Z$
$x^2 - 12x + 36 = 9$ $\quad | 2.\ bin.\ F.$
$(x - 6)^2 = 9$ $\quad | \sqrt{\ }$
$x - 6 = 3$ oder $x - 6 = -3$ $\quad | +6$
$x = 9$ oder $x = 3$

INFO

So löst du eine Gleichung der Form $x^2 + px + q = 0$:

$x^2 + 9x - 52 = 0$ hat $p = 9$ und $q = -52$

$x_{1/2} = -\frac{9}{2} \pm \sqrt{\left(\frac{9}{2}\right)^2 - (-52)} =$

$-4{,}5 \pm \sqrt{20{,}25 + 52} =$

$-4{,}5 \pm \sqrt{72{,}25} = -4{,}5 \pm 8{,}5$

$x_1 = -4{,}5 + 8{,}5 = 4$ $x_2 = -4{,}5 - 8{,}5 = -13$

1 Berechne die Lösungen für x mithilfe der „pq-Formel".

a $x^2 + 2x - 15 = 0$

p = q =

$x_{1/2} =$

$x_{1/2} =$

$x_{1/2} =$

$x_1 =$ = $x_2 =$ =

b $x^2 - 4x - 21 = 0$

p = q =

c $x^2 + 13x + 42{,}5 = 0$

p = q =

d $x^2 + 8x = 20$

p = q =

2 Arbeite im Heft.
Denk dir selbst eine quadratische Gleichung aus und löse sie mithilfe der „pq-Formel".

Marco Bettner: Terme und Gleichungen
© Persen Verlag, Buxtehude

INFO

So löst du eine Gleichung der Form $x^2 + px + q = 0$:

$x^2 + 9x - 52 = 0$ hat $p = 9$ und $q = -52$

$x_{1/2} = -\frac{9}{2} \pm \sqrt{\left(\frac{9}{2}\right)^2 - (-52)} =$

$-4{,}5 \pm \sqrt{20{,}25 + 52} =$

$-4{,}5 \pm \sqrt{72{,}25} = -4{,}5 \pm 8{,}5$

$x_1 = -4{,}5 + 8{,}5 = 4$ $x_2 = -4{,}5 - 8{,}5 = -13$

1 Berechne die Lösungen für x mithilfe der „pq-Formel".

a $x^2 + 2x - 15 = 0$

$p = 2$ $q = -15$

$x_{1/2} = -\frac{2}{2} \pm \sqrt{\left(\frac{2}{2}\right)^2 - (-15)}$

$x_{1/2} = -1 \pm \sqrt{1 + 15}$

$x_{1/2} = -1 \pm \sqrt{16} = -1 \pm 4$

$x_1 = -1 - 4 = -5$ $x_2 = -1 + 4 = 3$

b $x^2 - 4x - 21 = 0$

$p = -4$ $q = -21$

$x_{1/2} = -\frac{-4}{2} \pm \sqrt{\left(\frac{-4}{2}\right)^2 - (-21)}$

$x_{1/2} = 2 \pm \sqrt{4 + 21}$

$x_{1/2} = 2 \pm \sqrt{25} = 2 \pm 5$

$x_1 = 2 + 5 = 7$ $x_2 = 2 - 5 = -3$

c $x^2 + 13x + 42{,}5 = 0$

$p = 13$ $q = 42{,}5$

$x_{1/2} = -\frac{13}{2} \pm \sqrt{\left(\frac{13}{2}\right)^2 - 42{,}5}$

$x_{1/2} = -6{,}5 \pm \sqrt{42{,}25 - 42{,}5}$

$x_{1/2} = -6{,}5 \pm \sqrt{-0{,}25}$

Wegen des negativen Ausdrucks unter der Wurzel gibt es keine Lösung.

d $x^2 + 8x = 20$

$p = 8$ $q = -20$

$x_{1/2} = -\frac{8}{2} \pm \sqrt{\left(\frac{8}{2}\right)^2 + 20}$

$x_{1/2} = -4 \pm \sqrt{16 + 20}$

$x_{1/2} = -4 \pm \sqrt{36} = -4 \pm 6$

$x_1 = -4 + 6 = 2$ $x_2 = -4 - 6 = -10$

2 Arbeite im Heft.
Denk dir selbst eine quadratische Gleichung aus und löse sie mithilfe der „pq-Formel".

Quadratische Gleichungen lösen: $ax^2 + bx + c = 0$ 59

INFO

So löst du eine Gleichung der Form $ax^2 + bx + c = 0$:

$2x^2 + 4x - 70 = 0$ hat $a = 2$, $b = 4$, $c = -70$

$$x_{1/2} = \frac{-4 \pm \sqrt{4^2 - 4 \cdot 2 \cdot (-70)}}{2 \cdot 2}$$

$$x_{1/2} = \frac{-4 \pm \sqrt{16 + 560}}{4}$$

$$x_{1/2} = \frac{-4 \pm \sqrt{576}}{4} = \frac{-4 \pm 24}{4}$$

$$x_1 = \frac{-4 + 24}{4} = 5 \qquad x_2 = \frac{-4 - 24}{4} = -7$$

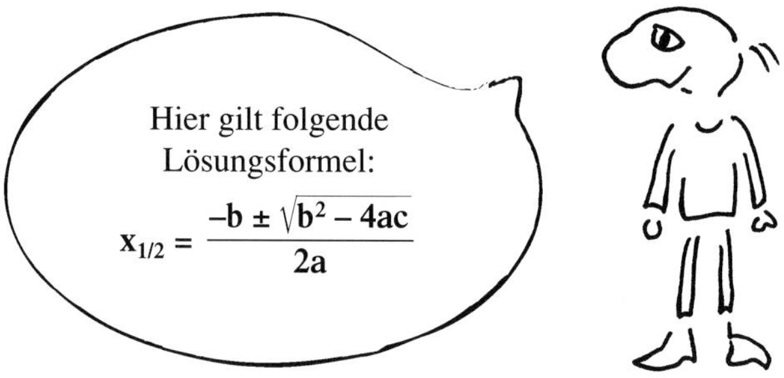

1 **Berechne x mithilfe der „abc-Formel".**

a) $3x^2 - 6x - 297 = 0$

a = b = c =

$x_{1/2} =$

$x_{1/2} =$ = =

$x_1 =$ = $x_2 =$ =

b) $5x^2 - 8x - 384 = 0$

a = b = c =

$x_{1/2} =$

$x_{1/2} =$ = =

$x_1 =$ = $x_2 =$ =

c) $2x^2 + 5x - 88 = 0$

a = b = c =

$x_{1/2} =$

$x_{1/2} =$ = =

$x_1 =$ = $x_2 =$ =

d) $3x^2 - x - 4 = 0$

a = b = c =

$x_{1/2} =$

$x_{1/2} =$ = =

$x_1 =$ = $x_2 =$ =

2 **Was musst du tun, um auch $-3x^2 + 5x + 5 = 4$ mit der „abc-Formel" lösen zu können?**

Marco Bettner: Terme und Gleichungen
© Persen Verlag, Buxtehude

INFO

So löst du eine Gleichung der Form $ax^2 + bx + c = 0$:

$2x^2 + 4x - 70 = 0$ hat $a = 2, b = 4, c = -70$

$$x_{1/2} = \frac{-4 \pm \sqrt{4^2 - 4 \cdot 2 \cdot (-70)}}{2 \cdot 2}$$

$$x_{1/2} = \frac{-4 \pm \sqrt{16 + 560}}{4}$$

$$x_{1/2} = \frac{-4 \pm \sqrt{576}}{4} = \frac{-4 \pm 24}{4}$$

$$x_1 = \frac{-4 + 24}{4} = 5 \qquad x_2 = \frac{-4 - 24}{4} = -7$$

Hier gilt folgende Lösungsformel:

$$x_{1/2} = \frac{-b \pm \sqrt{b^2 - 4ac}}{2a}$$

1 Berechne x mithilfe der „abc-Formel“.

a) $3x^2 - 6x - 297 = 0$

$a = 3 \qquad b = -6 \qquad c = -297$

$$x_{1/2} = \frac{-(-6) \pm \sqrt{(-6)^2 - 4 \cdot 3 \cdot (-297)}}{2 \cdot 3}$$

$$x_{1/2} = \frac{6 \pm \sqrt{36 + 3.564}}{6} = \frac{6 \pm \sqrt{3.600}}{6} = \frac{6 \pm 60}{6}$$

$$x_1 = \frac{6 + 60}{6} = 11 \qquad x_2 = \frac{6 - 60}{6} = -9$$

b) $5x^2 - 8x - 384 = 0$

$a = 5 \qquad b = -8 \qquad c = -384$

$$x_{1/2} = \frac{-(-8) \pm \sqrt{(-8)^2 - 4 \cdot 5 \cdot (-384)}}{2 \cdot 5}$$

$$x_{1/2} = \frac{8 \pm \sqrt{64 + 7.680}}{10} = \frac{8 \pm \sqrt{7.744}}{10} = \frac{8 \pm 88}{10}$$

$$x_1 = \frac{8 + 88}{10} = 9{,}6 \qquad x_2 = \frac{8 - 88}{10} = -8$$

c) $2x^2 + 5x - 88 = 0$

$a = 2 \qquad b = 5 \qquad c = -88$

$$x_{1/2} = \frac{-5 \pm \sqrt{5^2 - 4 \cdot 2 \cdot (-88)}}{2 \cdot 2}$$

$$x_{1/2} = \frac{-5 \pm \sqrt{25 + 704}}{4} = \frac{-5 \pm \sqrt{729}}{4} = \frac{-5 \pm 27}{4}$$

$$x_1 = \frac{-5 + 27}{4} = 5{,}5 \qquad x_2 = \frac{-5 - 27}{4} = -8$$

d) $3x^2 - x - 4 = 0$

$a = 3 \qquad b = -1 \qquad c = -4$

$$x_{1/2} = \frac{-(-1) \pm \sqrt{(-1)^2 - 4 \cdot 3 \cdot (-4)}}{2 \cdot 3}$$

$$x_{1/2} = \frac{1 \pm \sqrt{1 + 48}}{6} = \frac{1 \pm \sqrt{49}}{6} = \frac{1 \pm 7}{6}$$

$$x_1 = \frac{1 + 7}{6} = \frac{4}{3} \qquad x_2 = \frac{1 - 7}{6} = -1$$

2 Was musst du tun, um auch $-3x^2 + 5x + 5 = 4$ mit der „abc-Formel“ lösen zu können?

Auf beiden Seiten 4 subtrahieren.

© Persen Verlag, Buxtehude

Erledige alle Aufgaben im Heft.

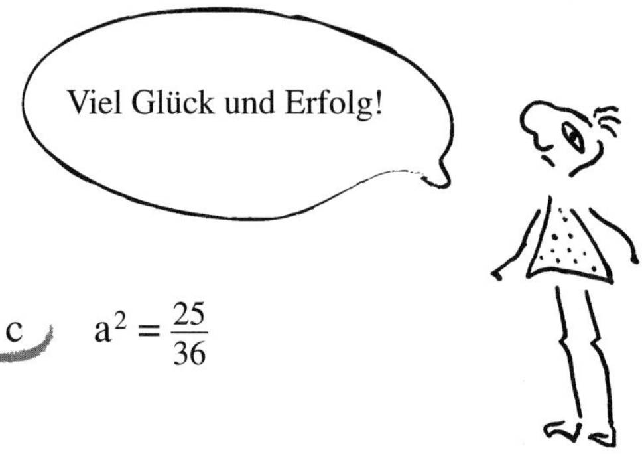

1 Bestimme x.

a) $x^2 = 25$

b) $y^2 = 0$

c) $a^2 = \frac{25}{36}$

d) $3x^2 = 243$

e) $3x^2 = 5x^2 - 32$

f) $6x^2 - 5x^2 + 37 = 233$

2 Notiere die „pq-Formel" und beantworte die folgenden Fragen über die „pq-Formel".

a) Was passiert mit x_1 und x_2, wenn der Ausdruck unter der Wurzel genau 0 ergibt?

b) Was passiert mit x_1 und x_2, wenn der Ausdruck unter der Wurzel negativ wird?

3 Bestimme jeweils x.

a) $(x - 3)^2 = 289$

b) $(a + 2{,}5)^2 = 6{,}25$

c) $a^2 - 12a + 36 = 441$

d) $y^2 + 7y + 12{,}25 = 1.764$

e) $(2x + 3)^2 = 25$

4 Stelle jeweils die passende Gleichung auf und bestimmt die gesuchten Zahlen.

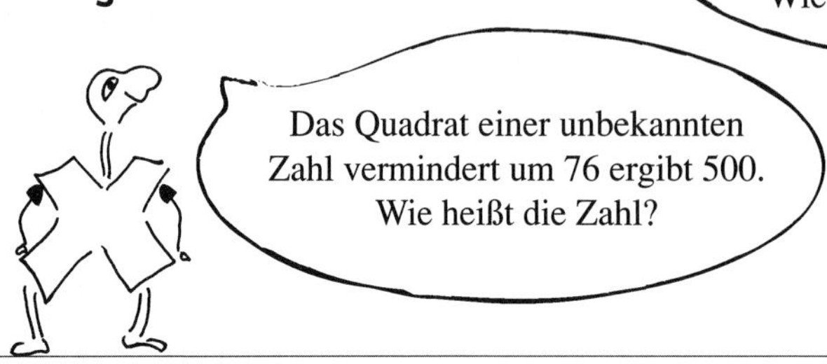

Marco Bettner: Terme und Gleichungen
© Persen Verlag, Buxtehude

Erledige alle Aufgaben im Heft.

1 Bestimme x.

a) $x^2 = 25$

$x = 5$ *oder* $x = -5$

b) $y^2 = 0$

$y = 0$

c) $a^2 = \frac{25}{36}$

$a = \frac{5}{6}$ *oder* $a = -\frac{5}{6}$

d) $3x^2 = 243$

$x = 9$ *oder* $x = -9$

e) $3x^2 = 5x^2 - 32$

$x = 4$ *oder* $x = -4$

f) $6x^2 - 5x^2 + 37 = 233$

$x = 14$ *oder* $x = -14$

2 Notiere die „pq-Formel" und beantworte die folgenden Fragen über die „pq-Formel".

$$x_{1/2} = -\frac{p}{2} \pm \sqrt{\left(\frac{p}{2}\right)^2 - q}$$

a) Was passiert mit x_1 und x_2, wenn der Ausdruck unter der Wurzel genau 0 ergibt?

Es gibt nur eine (doppelte) Lösung.

b) Was passiert mit x_1 und x_2, wenn der Ausdruck unter der Wurzel negativ wird?

Es gibt keine Lösung.

3 Bestimme jeweils x.

a) $(x - 3)^2 = 289$

$x = -14$ *oder* $x = 20$

b) $(a + 2{,}5)^2 = 6{,}25$

$a = 0$ *oder* $a = -5$

c) $a^2 - 12a + 36 = 441$

$a = -15$ *oder* $a = 27$

d) $y^2 + 7y + 12{,}25 = 1.764$

$y = 38{,}5$ *oder* $y = -45{,}5$

e) $(2x + 3)^2 = 25$

$x = -4$ *oder* $x = 1$

4 Stelle jeweils die passende Gleichung auf und bestimmt die gesuchten Zahlen.

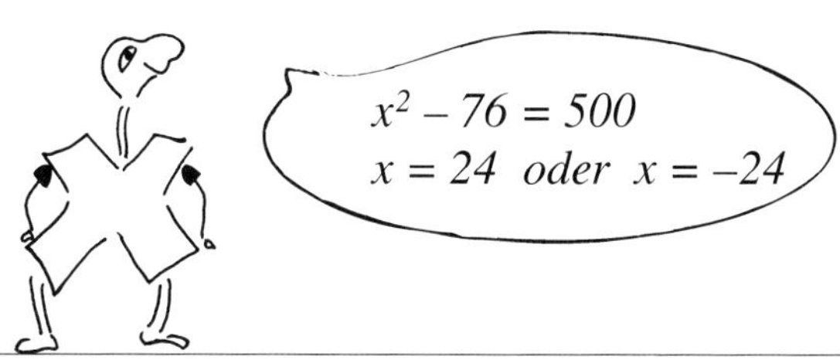

Grundrechenarten sicher beherrschen

Heiner Müller, Uta Vollmer

Rechenblätter mit Selbstkontrolle für das 5. bis 9. Schuljahr

Arbeitsblätter für Freiarbeit, Kleingruppen, Hausaufgaben und Vertretungsstunden

5 Mappen, die es in sich haben! Die beliebte und bewährte Reihe „Rechenblätter mit Selbstkontrolle" deckt die lehrplanrelevanten Themen der 5.-9. Klasse im Bereich der Algebra und Arithmetik ab.

Die abwechslungsreichen Arbeitsblätter variieren in den Aufgabenformen und im Schwierigkeitsgrad. Somit können Sie diese individuell und gezielt einsetzen. Die Mappen bieten eine Vielzahl an kurzen Übungsaufgaben. Die interessanten Selbstkontrollmöglichkeiten gestatten den Schülerinnen und Schülern ein schnelles Überprüfen ihrer Ergebnisse und Ihnen eine direkte Kontrolle der Leistungen – der ausführliche Lösungsteil im Anhang macht es möglich!

Mit diesen Aufgabenblättern decken Sie alle lehrplanrelevanten Themen im Bereich Algebra und Arithmetik ab!

Mappen mit Kopiervorlagen,
von 51 bis 52 Seiten,
DIN A4

5. Klasse Best.-Nr. 2056
6. Klasse Best.-Nr. 2057
7. Klasse Best.-Nr. 2613
8. Klasse Best.-Nr. 2614
9. Klasse Best.-Nr. 2615

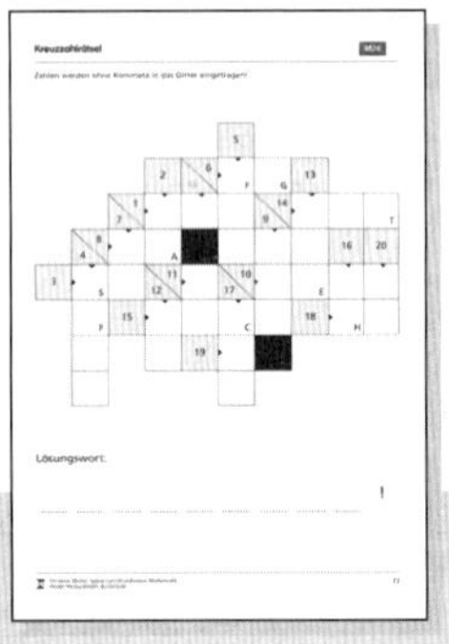

Christine Michel

Spiele zum Grundwissen Mathematik

20 Einzel-, Partner- und Gruppenspiele zu den Themen der 5./6. Klasse

Mit diesen Aufgaben entdecken Ihre Schülerinnen und Schüler, wie viel Spaß Mathe macht: Das Buch bietet einen spielerischen Zugang zu den Grundlagen der wichtigsten Themen des Matheunterrichts der 5./6. Klasse und fördert so das Verständnis mathematischer Sachverhalte. Übungsspiele für verschiedene Gruppengrößen helfen, Verständnisschwierigkeiten oder Wissenslücken aufzudecken und zu kompensieren. Die Spiele werden in unterschiedlichen Niveaustufen angeboten und sind in verschiedenen Stadien des Lernprozesses einsetzbar.

Ob Freiarbeit oder Unterricht im Klassenverband – hier kommt Mathe ins Spiel!

Buch, 80 Seiten, DIN A4
5. und 6. Klasse
Best.-Nr. M350

Volker Freygang

Sicher im Grundrechnen

Arbeitsblätter mit Selbstkontrolle

Der Erfolg im Fach Mathematik steht und fällt mit dem Beherrschen der Grundrechenarten. Geben Sie Ihren Schülerinnen und Schülern eine faire Chance! Diese abwechslungsreichen und klar strukturierten Arbeitsblätter können Sie als „Starthilfe" zu Beginn der Sekundarstufe einsetzen, aber auch als Vorbereitung auf Bewerbungen am Ende des 10. Schuljahres. Kopfrechen-Karten, Brain-Gym, Rechenpyramiden, -programme und -kreuze trainieren das Kopfrechnen. Die Aufgaben eignen sich hervorragend zur Freiarbeit und Differenzierung, aber auch für Hausaufgaben oder Vertretungsstunden.

Das Besondere: Mit Kontrollfeldblättern und Zauberzahlen festigen Sie die schriftliche Rechenfertigkeit der Kinder und Jugendlichen!

Mappe mit Kopiervorlagen, 58 Seiten, DIN A4
5. bis 10. Klasse
Best.-Nr. 2482

Jens Eggert

25 Grundrechentests

Lernzielkontrollen zu allen vier Grundrechenarten

Als Pädagoge kommen Sie um Lernzielkontrollen nicht herum! Mit diesen Tests überprüfen Sie systematisch alle vier Grundrechenarten. Der Vorteil: Regelmäßig eingesetzt, halten Überprüfungen dieser Art die Grundrechenarten im aktiven Kenntnisbereich. Zudem lassen sich Stärken und Schwächen über einen längeren Zeitraum kontinuierlich dokumentieren. Anregungen, wie optische Hilfen und Impulse sowie Bewertungsschlüssel runden das Angebot ab. Ergänzend üben Sie Zehnerüberschreitungen oder das Umrechnen gängiger Maßeinheiten.

Lernziele sicher kontrollieren und bewerten!

Mappe mit Kopiervorlagen, 59 Seiten, DIN A4,
5. und 6. Klasse
Best.-Nr. 2497

Unser Bestellservice:

Das komplette Verlagsprogramm finden Sie in unserem Online-Shop unter

www.persen.de

Bei Fragen hilft Ihnen unser Kundenservice gerne weiter.

Deutschland: ✆ 0 41 61/7 49 60-40 · Schweiz: ✆ 052/366 53 54 · Österreich: ✆ 0 72 30/2 00 11